탐구하는
어린이천문학

별과 우주

탐구하는 어린이천문학 별과 우주

1판 1쇄 찍음 2019년 8월 22일
1판 7쇄 발행 2022년 6월 13일

발행인 김승현
책 임 남궁산
기 획 유진희, 이상훈, 김선형
디자인 유지혜
일러스트 남궁산·유지혜
제작·지원 박동간, 현요준, 김단비, 박지훈
마케팅 이은석, 조현식, 이홍규
감 수 어린이천문대
주 소 경기도 고양시 일산동구 중산로 306-176
전 화 031-975-3241
팩 스 031-363-3955
ISBN 978-89-97487-33-2(개정증보판)
발행처 한맥출판사 www.hanmaekbook.com
이 책에 쓰인 폰트 산돌고딕, 산돌명조, 산돌미생, 210싸나이

추천의 글

전국 각지에 크고 작은 천문과학관이 들어서고 있다. 별을 좋아하는 민간단체가 세운 천문대도 있고, 정부나 지방자치단체가 주관하여 조성하는 과학관의 망원경 시설들과 시민천문대도 있다. 현재 이런 설비들이 늘어나는 추세이니 사는 지역과 관계없이 별을 볼 기회는 더욱 많아질 것이다.

망원경은 우주와의 교감을 가능하게 한다. 천문대를 방문하여 망원경을 통해 달과 토성, 그리고 몇 가지 천체들을 본 사람은 남녀노소를 막론하고 우주의 신비를 엿보는 진한 감동을 받으며 일상에서 벗어난 즐거움을 느낀다. 특히 어린아이는 오랫동안 이런 경험을 기억한다고 한다.

광대한 우주는 아주 오래전부터 인간의 호기심을 자극해 왔고 호기심으로 시작된 깊은 생각들은 철학과 고대과학의 근간이 되었다. 우주의 아름다움은 우리 눈에 비추어지는 신비로움에만 있는 것이 아니다. 별과 행성, 그리고 성운, 성단, 은하로 이어지는 다양한 우주의 현상을 논리적으로 이해하고자 할 때 그 아름다움이 더욱 커진다. 이런 점에서 크고 작은 망원경 시설을 갖춘 많은 천문대의 활동이 망원경을 이용해 우주를 관람하는 것에 그치는 것은 매우 안타까운 일이다.

천문교육가 김승현의 이 책은 그런 점에서 매우 중요한 메시지를 전해 준다. 그가 운영하는 어린이천문대는 눈으로 즐기는 우주가 아닌 우리에게 생각의 기회를 주는 우주를 강조하고 있다. 맞는 이야기이다. 갈릴레이는 400년 전에 망원경을 통하여 처음 우주를 들여다 보았다. 만약 그가 과학관의 단순 관람자처럼 시각적인 감동만을 받았다면 오늘날 과학의 역사는 매우 달라져 있을 것이다.

우주에 대한 호기심을 가질 때, 그리고 그 호기심을 논리적으로 생각하고자 할 때 우주는 우리 어린이들에게 갈릴레이의 경험을 그대로 느끼게 할 것이다. 어린이천문대에서 아이들에게 들려준 이야기들이 담겨 있는 이 책이 다른 과학관이나 천문대에서도 사용되기 바란다. 천문대를 방문하는 어린이들뿐만 아니라 가족들에게도 이 책은 중요한 길잡이이다. 별과 우주는 구경하는 대상이 아니라 생각하는 대상이라는 것을 알게 하여줄 것이므로.

연세대학교 천문우주학과 교수 **변용익**

추천의 글

밤하늘 여행을 통하여 어린이들에게 천문학의 역사와 발견의 기쁨을 심어주었던 김승현 어린이천문대 총대장이 재미있고 신비한 별과 우주의 세계를 이 책 하나에 담았다. 이 책은 천체의 특징과 밝기, 망원경과 빛 등 어린이들이 궁금해하는 것에 대하여 매우 쉽고 재미있게 쓰였다.

또한, 천체와 우주에 대하여 빠짐없이 자세하게 다룬, 천문학에 대한 어린이의 모든 궁금증을 해결해줄 수 있는 뛰어난 천문학 안내서이다.

이것은 저자가 천문대에서 어린이들의 수많은 질문과 궁금증에 대하여 친절하게 설명하면서 쌓인 통찰력으로 생각된다. 어린이가 이해할 수 있을 정도로 쉽게 쓰여 있지만, 중학생과 고등학생, 일반인들의 천문학에 대한 궁금증 역시 시원하게 해결해 줄 수 있는 책으로 생각된다.

어린이들이 쉽게 접할 수 있는 좋은 책을 만나게 되어 정말 반갑고, 천문학 여행의 좋은 안내서로 널리 읽히길 바란다.

세종과학고등학교 교사 **강석철**

머리말

어떤 학문보다도 역사가 긴 천문학은 우주에 대한 이해의 우여곡절을 겪는 순간마다 감동적인 지혜를 전해주고 있습니다. 어린이천문대는 이러한 지혜가 담긴 천문학을 더욱 쉽고 체계적으로 어린이뿐만 아니라 흥미를 느끼고 있는 모든 분께 전하고 있습니다.

코페르니쿠스는 우리가 사는 지구가 움직인다는 것을 알게 되고 나서 마음이 어떠했을까요? 갈릴레이는 목성 옆의 별처럼 보이는 목성의 달을 보며, 케플러는 행성 운동의 법칙을 처음으로 확인한 순간 어떤 기분이었을까요? 그리고 허블이 안드로메다 성운이 외부은하인 것을 최초로 확인했을 때 느낀 감동은 어떠했을까요? 그리고 여러분도 그들이 보았던 목성과 화성 그리고 안드로메다은하를 한번 보면 어떨까요? 그들의 감동이 그러한 천체들에서 느껴지지 않을까요?

이 책은 2003년부터 어린이천문대에서 어린이들에게 알려준 별과 우주에 대한 앞선 과학자들의 연구 노력과 발견을 다루고 있습니다.

대부분 내용이 쉽게 이해할 수 있게 되어 있지만 다소 생소한 분야는 선생님이나 엄마, 아빠가 같이 읽어주는 도움만으로도 쉽게 이해할 수 있을 것입니다.

우주의 신비와 인류의 지혜가 강물처럼 흐르는 별과 우주의 세계에 여러분을 초대합니다.

2019. 01. 01

김승현

별을 아는 어린이는 생각이 깊어집니다!

차례

별의 밝기와 거리

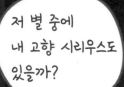

밝은 별과 어두운 별

바로 옆의 친구도 보이지 않는 아주 어두운 곳에 가면 밤하늘에 무수히 많은 별을 볼 수 있습니다. 그 중에는 크고 밝게 빛나는 왕 별도 있고, 작고 어둡게 보이는 아기 별도 있습니다.

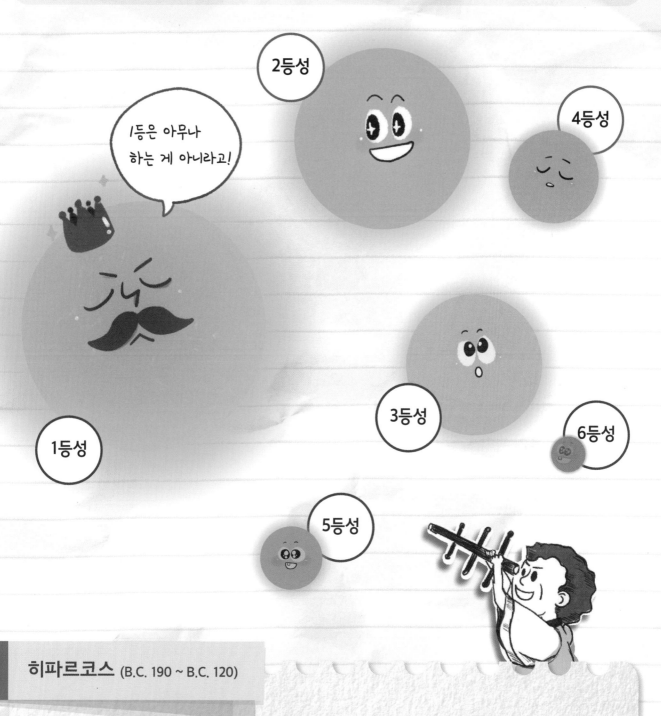

히파르코스 (B.C. 190 ~ B.C. 120)

고대 그리스의 천문학자 히파르코스는 별의 밝기에 등수를 매겼습니다. 가장 밝게 잘 보이는 별을 1등성, 희미해서 맨눈으로 간신히 보이는 별을 6등성이라고 정해서 잘 보이는 정도에 따라 여섯 단계로 나누었답니다.

별의 등급과 밝기

1830년, 영국의 천문학자 존 허셜은 히파르코스가 정한 1등성과 6등성 별의 밝기가 약 100배 정도 차이 난다는 사실을 알아냈습니다.

나는 히파르코스가 눈으로 보아 나눈 '등성' 대신 별의 밝기를 숫자로 표현할 수 있는 '등급'으로 별의 밝기를 나타냈지.

존 허셜 (1792~1871)

6등급이 전구 1개라면···

1등급은 전구 100개!!

1등급과 6등급의 밝기 차이

1등급과 6등급의 밝기 차이는 100배! 5등급과 6등급의 밝기 차이는? **약 2.5배!**

2.5배

2등급 전구 40개

3등급 전구 16개

2.5배

2.5배

4등급 전구 6.25개

1등급 전구 100개

2.5배

5등급 전구 2.5개

0등급 별과 6등급 별의 밝기

아크투루스는 목동자리에서 가장 밝은 0등급 별입니다. 망원경으로 아크투루스를 보면 바로 옆에 어두운 6등급 별이 보이지요. 그렇다면 0등급인 아크투루스와 6등급 별의 밝기는 얼마나 차이 날까요?

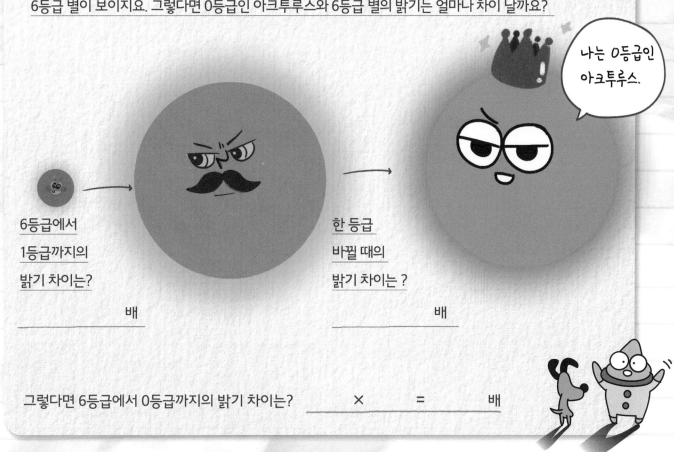

나는 0등급인 아크투루스.

6등급에서
1등급까지의
밝기 차이는?

_____ 배

한 등급
바뀔 때의
밝기 차이는 ?

_____ 배

그렇다면 6등급에서 0등급까지의 밝기 차이는? _____ × _____ = _____ 배

달이 몇 개 있어야 태양만큼 밝을까?

나는
-27등급!

나는
-13등급.

태양의 밝기를 등급으로 나타내면 약 -27등급, 보름달의 밝기는 -13등급입니다. 14등급 차이가 나지요. 그렇다면 태양은 보름달보다 몇 배나 밝은 걸까요? 14등급 차이는 5등급 차이가 두 번, 4등급 차이가 한 번입니다. 5등급 차이일 때 밝기 차이는 100배, 4등급 차이일 때 밝기 차이는 40배지요. 그렇다면 14등급 차이일 때는? 100배씩 두 번 밝아지면 10,000배, 거기에 다시 40배를 하면 무려 400,000배나 된답니다. 태양처럼 하늘을 환하게 밝히려면 보름달이 40만 개나 있어야 한다는 말이지요!

별의 밝기가 다른 이유

여러분의 눈 바로 앞에 전구가 있다면 매우 밝게 보일 것입니다. 하지만 이 전구를 점점 멀리 둔다면 전구는 점점 어두워지겠지요. 별의 밝기도 이처럼 거리에 따라 달라집니다.

별꿈이는 왜 등대가 달보다 밝다고 생각했을까요? 그건 바로 등대가 달보다 가까이 있기 때문입니다.

밝기가 같은 세 개의 별이네?

별의 밝기에 가장 큰 영향을 주는 것은 별까지의 거리입니다. 아무리 밝은 별이어도 거리가 멀면 어둡게 보이고, 거리가 가까우면 어두운 별도 밝게 보인답니다.

실제로는 거리도 밝기도 제각각이군!

별의 밝기가 다르게 보이는 또 다른 이유는 별의 실제 밝기가 서로 다르기 때문입니다. 이렇게 별의 실제 밝기가 다른 이유는 별마다 크기, 온도, 나이 등이 다르기 때문입니다.

겉보기 등급과 절대 등급

별의 실제 밝기를 안다면 그 별의 온도, 크기, 나이 등을 알 수 있습니다. 그래서 천문학자들은 지구에서 보는 별의 밝기(겉보기 등급)보다 별의 실제 밝기에 더 많은 관심을 가집니다. 이것을 절대 등급이라고 한답니다.

겉보기 등급

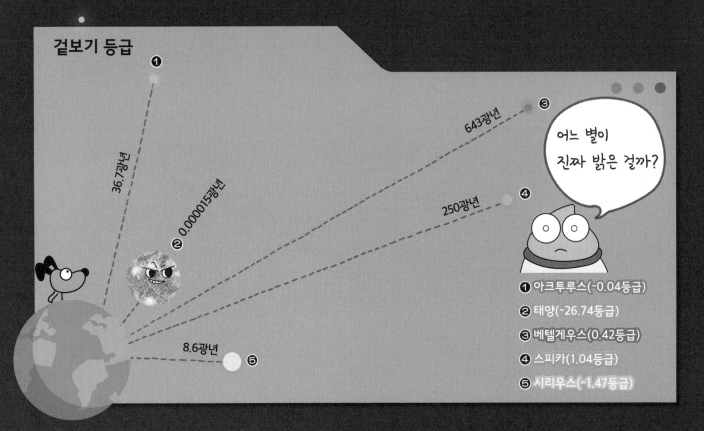

어느 별이 진짜 밝은 걸까?

① 아크투루스(-0.04등급)
② 태양(-26.74등급)
③ 베텔게우스(0.42등급)
④ 스피카(1.04등급)
⑤ 시리우스(-1.47등급)

절대 등급

32.6광년

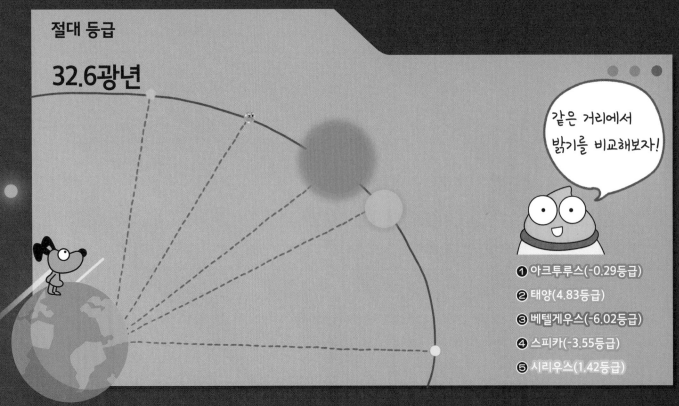

같은 거리에서 밝기를 비교해보자!

① 아크투루스(-0.29등급)
② 태양(4.83등급)
③ 베텔게우스(-6.02등급)
④ 스피카(-3.55등급)
⑤ 시리우스(1.42등급)

데네브	베텔게우스	북극성	스피카
백조자리	오리온자리	작은곰자리	처녀자리
겉보기 등급 1.25	겉보기 등급 0.42	겉보기 등급 1.98	겉보기 등급 1.04
절대 등급 -8.38	절대 등급 -6.02	절대 등급 -3.60	절대 등급 -3.55
거리:2600광년	거리:643광년	거리:433광년	거리:250광년

레굴루스	카펠라	아크투루스	베가
사자자리	마차부자리	목동자리	거문고자리
겉보기 등급 1.40	겉보기 등급 0.91	겉보기 등급 -0.04	겉보기 등급 0.03
절대 등급 -0.57	절대 등급 0.30	절대 등급 -0.29	절대 등급 0.58
거리:79.3광년	거리:42.9광년	거리:36.7광년	거리:25광년

시리우스	프로키온	프록시마	태양
큰개자리	작은개자리	센타우루스자리	
겉보기 등급 -1.47	겉보기 등급 0.37	겉보기 등급 11.05	겉보기 등급 -26.74
절대 등급 1.42	절대 등급 2.65	절대 등급 15.49	절대 등급 4.83
거리:8.6광년	거리:11.4광년	거리:4.24광년	거리:0.000015광년

별들의 겨루기

별들의 겨루기에 참가하기 위해 여러 별이 한 자리에 모였습니다. 과연 누가 금메달을 차지할까요?

1. 밤하늘에서 우리 눈에 가장 밝게 보이는 별, 어둡게 보이는 별은?_____

2. 지구에서 가장 멀리 있는 별은?_____

3. 지구에서 가장 가까이 있는 별은?_____

4. 실제로 가장 밝은 별은?_____

5. 실제로 가장 어두운 별은?_____

별까지의 거리를 재는 법

라이카! 사진 찍어줄게.

움직이지 말고 가만히 있어!

왜 위치가 달라졌지?

이상하다. 난 가만히 있었는데.

가만히 있는 라이카의 위치가 왜 달라진 것처럼 보일까요? 그건 바로 사진을 찍는 별꿈이의 위치가 달라졌기 때문입니다. 이런 현상을 시차라고 합니다.

별까지의 거리를 재는 방법 중 가장 정확한 방법은 연주시차를 측정하는 것입니다. 지구는 태양을 1년에 한 번씩 공전합니다. 지구의 위치에 따라서 가만히 있는 별이 마치 움직이는 것처럼 보입니다. 이때 지구와 움직인 별, 태양 사이의 각도를 연주시차 라고 합니다.

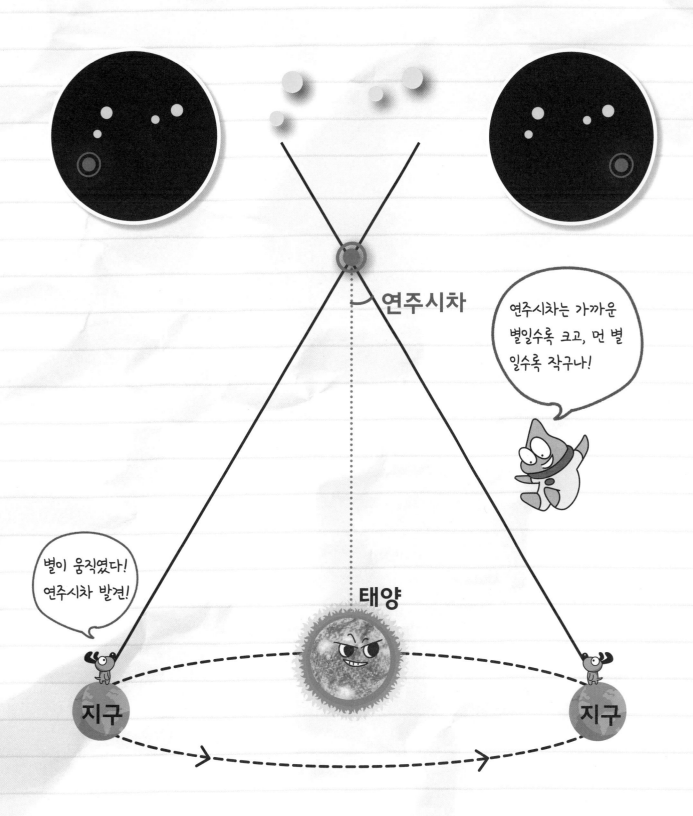

연주시차

연주시차는 가까운 별일수록 크고, 먼 별일수록 작구나!

별이 움직였다! 연주시차 발견!

태양

지구   지구

우주에서 쓰는 거리 단위

서울에서 부산까지의 거리는 km로 나타냅니다. 그럼 별까지의 거리는 어떻게
나타낼까요? 우주는 너무 넓기 때문에 km를 사용하면 숫자가 너무 커져 쓰고
읽기 어렵답니다. 그래서 우주에서 사용하는 거리 단위가 따로 있습니다.

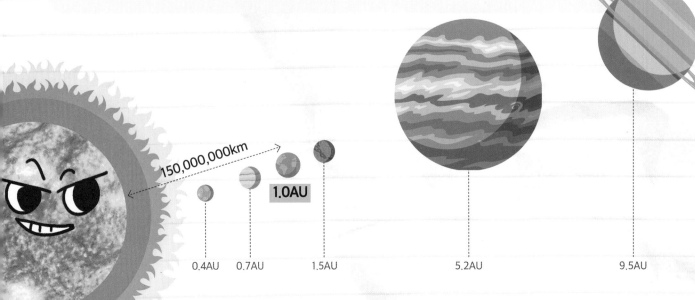

150,000,000km

1.0AU

0.4AU 0.7AU   1.5AU   5.2AU   9.5AU

천문단위(AU)

우주에서 사용하는 가장 작은 거리 단위는 천문단위(AU: Astro
nomical Unit)입니다. 지구와 태양 사이의 거리 1억5천만km를
1AU라고 합니다.

파섹(pc)

광년보다 큰 거리 단위로 파섹
(pc: parsec)이 있습니다. 1파섹은
연주시차가 1초(1도를 3,600으로
나눈 각)인 별까지의 거리를 뜻합니다.
광년으로는 3.26광년입니다.

광년(ly)

별들 사이의 거리를 나타낼 때는 광년(ly: light year)이라는
단위를 사용합니다. 1광년은 빛의 속도로 1년 동안 가는
거리입니다. km로는 9,460,800,000,000km,
약 10조km입니다.

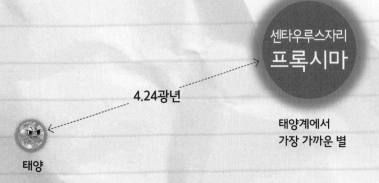

센타우루스자리
프록시마

4.24광년

태양계에서
가장 가까운 별

태양

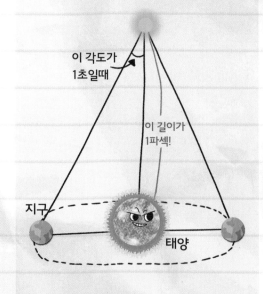

이 각도가
1초일때

이 길이가
1파섹!

지구

태양

별의 밝기를 조사하라!

별꿈이, 라이카와 함께 별의 밝기를 조사해보세요.

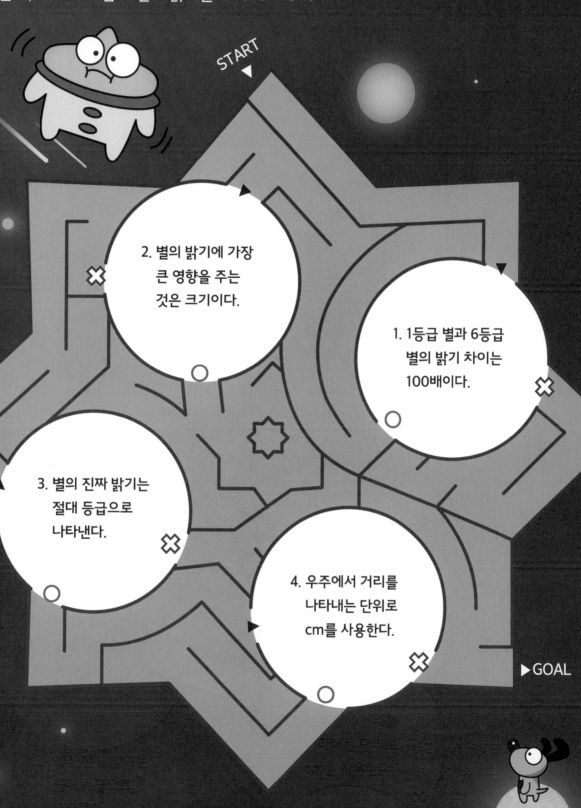

START

2. 별의 밝기에 가장 큰 영향을 주는 것은 크기이다.

1. 1등급 별과 6등급 별의 밝기 차이는 100배이다.

3. 별의 진짜 밝기는 절대 등급으로 나타낸다.

4. 우주에서 거리를 나타내는 단위로 cm를 사용한다.

▶GOAL

우주
탐사

더 자세히 보고 싶어

망원경으로 목성을 처음 보았을 때, 기분이 어땠나요? 목성의 모습에 '우와'하고 감탄하지는 않았나요? 하지만 같은 모습의 목성을 여러 번 보면 이내 그 모습에 식상해지고, 더 자세히 목성을 보고 싶다고 생각하게 되지요. 천문학자들도 마찬가지랍니다.

지구의 대기 밖에서 찍으면 되지!

목성의 대적점을 더 자세히 보고 싶어!

지구를 벗어나야 해!

지구에서는 대기 때문에 자세히 관찰하기 힘들어.

지구를 탈출하라!

지구의 중력은 지구 위 생명체와 물체들이 우주로 날아가지 않도록 붙잡아주는 고마운 힘입니다. 하지만 지구를 벗어나 우주로 갈 때는 가장 큰 걸림돌이 되지요. 지구를 탈출해 다른 행성을 탐사하려면 1초에 11.2km의 속력을 낼 수 있어야 합니다.

자동차 속도 **0.03km/초**

KTX 기차 속도 **0.08km/초**

비행기 속도 **0.3km/초**

제트기 속도 **0.6km/초**

지구탈출속도
11.2km/초

치올콥스키 (1857~1935)

지구를 탈출하려면 비행기보다 빠른 게 필요해.

우주로 나가려면 또 뭐가 필요할까?

작용⬇ 반작용⬆

로켓의 원리

치올콥스키는 뉴턴의 운동 법칙 중 '작용⬇ 반작용⬆의 법칙'을 이용한 로켓을 제안했습니다. 공기가 가득 차 있는 풍선을 놓으면 풍선 안에 있던 공기가 바람이 되어 뒤로 빠져버립니다[작용⬇]. 하지만 풍선은 공기가 빠지는 방향과는 반대로 앞으로 날아가지요 [반작용⬆]. 마찬가지로 로켓도 아래로 불꽃을 내뿜으면[작용⬇] 반대 방향인 위로 올라가게 됩니다[반작용⬆].

우주에는 산소가 없는데 연료에 어떻게 불을 붙여요?

로켓에는 산소 역할을 하는 산화제를 연료와 함께 싣지. 연료와 산화제를 섞으면 산소가 없는 우주에서도 불꽃을 만들 수 있단다.

다단 로켓

우주로 나갈 때는 다단 로켓이 효율적입니다. 연료탱크가 하나면 연료를 다 쓸 때까지 무거운 연료탱크를 계속 매달고 가야 하지만, 연료탱크를 여러 개로 나누면 연료를 다 쓴 빈 연료통을 즉시 버릴 수 있습니다. 따라서 다단 로켓은 1단 로켓보다 연료가 덜 필요해서 로켓도 작게 만들 수 있습니다.

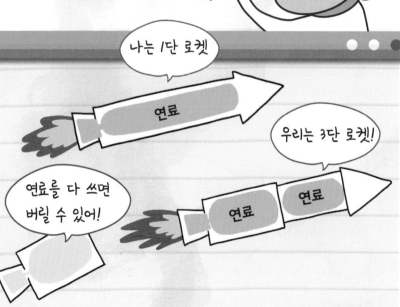

나는 1단 로켓

연료

우리는 3단 로켓!

연료를 다 쓰면 버릴 수 있어!

연료 연료

로켓의 속도를 조절하려면 어떤 연료가 좋을까?

로버트 고다드 (1882~1945)

고체연료인 석탄

액체연료인 부탄가스

로켓의 연료

석탄과 같은 고체연료에 불이 붙으면 연료를 다 쓰고 나서야 불이 꺼집니다. 사용하는 연료의 양을 마음대로 조절하기 어렵지요. 하지만 연료가 액체라면 수도꼭지 같은 밸브로 연료의 양을 조절할 수 있지 않을까요? 마치 가스레인지의 불꽃 세기를 조절하는 것처럼 말이죠. 연료의 양을 조절해 로켓 속도를 통제할 수 있는 액체연료 로켓을 처음 개발한 사람은 로버트 고다드입니다. 고다드는 1926년 3월 16일, 피라미드 모양의 철제 발사대에서 액체연료를 사용하는 로켓 넬(Nell)을 발사했답니다.

넬과 로버트 고다드

우주왕복선의 보조로켓?

우주왕복선의 붉은 연료탱크 옆 하얀 보조로켓의 연료는 고체연료일까요? 액체연료일까요?

답 _____

연료를 다 사용할 때까지 불이 계속 붙어 있어야 필요한 속도에 도달할 수 있답니다.

행성을 탐사하는 방법

행성을 탐사하는 방법은 크게 네 가지로 나뉩니다. 탐사하려는 행성의 특징과 임무의 목적에 따라 행성을 탐사하는 방법이 달라지지요.

나는 지나가며 관찰하는 중이야.

❷ 행성 옆을 지나가며 탐사하는 방법

목적지로 가는 중 만나는 행성을 지나가며 탐사하는 방법입니다. 한 가지 탐사선으로 많은 행성을 탐사할 수 있습니다.

❶ 행성 충돌 방법

충돌하기 직전까지 사진을 찍어 지구로 영상을 보낸 후 탐사선은 장렬하게 임무를 종료하는 방법입니다.

❹ 행성에 착륙하는 방법

행성 표면을 가장 자세히 관찰할 수 있는 방법입니다.

난 이 행성을 돌고있어!

❸ 행성의 인공위성이 되는 방법

행성의 인공위성이 되어 주변을 돌며 행성을 관찰하는 방법입니다. 행성을 다양한 각도에서 관찰할 수 있습니다.

대표적인 행성 탐사선

마리너 10호
발 사 일 1973년 11월 3일
발사기관 NASA(미국)
탐사방법 ② 금성과 수성 옆을 지나가며 탐사.

베네라 9호
발 사 일 1975년 6월 8일
발사기관 라보치킨(소련)
탐사방법 ④ 금성 표면에 착륙해 세계 최초로 다른
행성의 표면 사진을 지구로 전송.

오퍼튜니티
발 사 일 2003년 7월 8일
발사기관 NASA(미국)
탐사방법 ④ 원래 약 90일 동안 화성을 탐사할 예
정이었으나 예상을 뛰어넘어 5,000일
이상 화성을 탐사하는 기록을 세움.

주노
발 사 일 2011년 8월 5일
발사기관 NASA(미국)
탐사방법 ③ 목성의 인공위성이 되어
목성 대기의 성분 등을 조사.

하위헌스
발 사 일 1997년 10월 15일
발사기관 NASA(미국)
탐사방법 ④ 카시니와 함께 토성으로 발사되어
토성 궤도에 진입. 이후 토성의
위성인 타이탄 표면에 착륙해
타이탄의 자료를 지구로 보냄.

카시니
발 사 일 1997년 10월 15일
발사기관 NASA(미국)
탐사방법 ③/① 토성의 인공위성이 되어
토성과 고리, 타이탄, 엔셀
라두스의 정보를 지구로
보냄. 2017년 9원 15일
토성의 대기로 뛰어들면서
임무를 종료.

수성

금성

지구

화성

목성

타이탄

토성

천왕성

해왕성

최초의 인공위성 스푸트니크 1호가 우주로 올라간 지 2년 뒤, 소련은 달 탐사를 위해 루나 1호를 발사했습니다. 루나 1호는 최초로 달에 간 탐사선이지요. 그뿐만 아니라 소련이 쏘아 올린 루나 3호는 최초로 달 표면 사진을 지구로 전송했습니다. 1961년 유리 가가린이 세계 최초로 유인 우주 비행에 성공하며 소련은 미국보다 우주개발에 한발 앞서 나갔습니다. 하지만 미국은 아폴로 계획을 세워 세계 최초로 달에 사람을 보내는 데 성공했지요.

달 탐사에 성공한 미국과 소련은 지구에서 가장 가까운 행성인 금성과 화성으로 눈을 돌렸습니다. 소련은 베네라 계획, 미국은 매리너 계획을 시작했지요. 그 결과, 망원경으로만 보던 시기와 비교도 안 되게 행성에 대한 정보와 지식이 많아졌습니다.

무주 고속도로

탐사선은 로켓을 이용해 지구를 출발하고 나면 더 이상의 속력을 낼 수 없습니다. 하지만, 행성의 중력으로 더 빠른 속도를 얻을 수 있는데 이런 방법을 스윙 바이라고 합니다. 스윙 바이를 이용한 궤도를 우주의 고속도로라고 부르기도 한답니다.

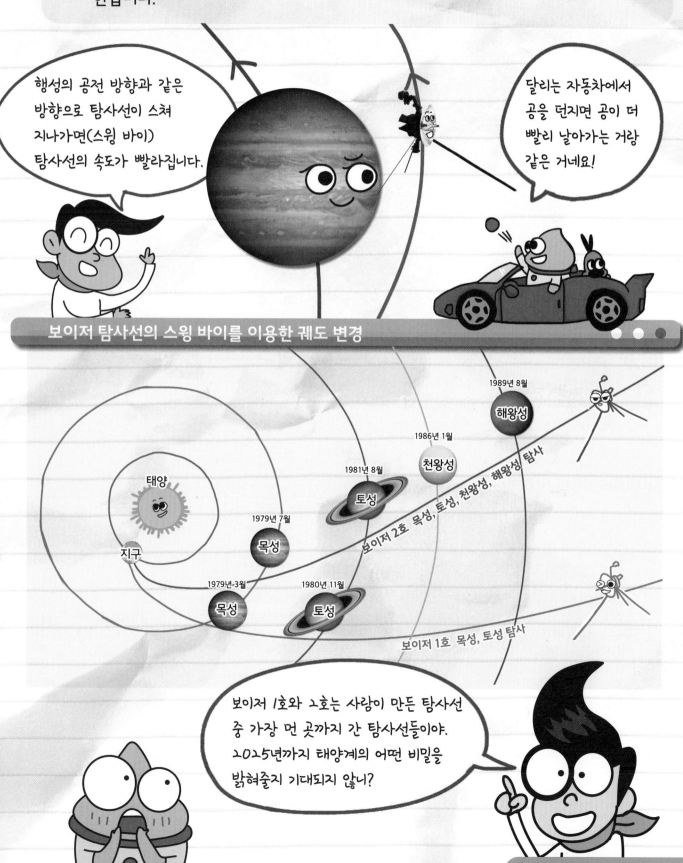

행성의 공전 방향과 같은 방향으로 탐사선이 스쳐 지나가면(스윙 바이) 탐사선의 속도가 빨라집니다.

달리는 자동차에서 공을 던지면 공이 더 빨리 날아가는 거랑 같은 거네요!

보이저 탐사선의 스윙 바이를 이용한 궤도 변경

1989년 8월
해왕성

1986년 1월
천왕성

1981년 8월
토성

1979년 7월
목성

태양

지구

1979년 3월
목성

1980년 11월
토성

보이저 2호 목성, 토성, 천왕성, 해왕성 탐사

보이저 1호 목성, 토성 탐사

보이저 1호와 2호는 사람이 만든 탐사선 중 가장 먼 곳까지 간 탐사선들이야. 2025년까지 태양계의 어떤 비밀을 밝혀줄지 기대되지 않니?

행성 탐사 계획 세우기

태양계에는 다양한 특성을 가진 8개의 행성이 있습니다. 자신이 탐사하고 싶은
행성을 고르고, 행성을 탐사하는 계획을 세워봅시다.

❶단계 탐사하고 싶은 행성을 선택하자.

탐사 방법에 따라 여러 행성을 선택하는 것도 가능.

태양과
가장 가까운 **수성** ☐

지구에서
가장 가까운 **금성** ☐

물이 있을 것으로
예상되는 **화성** ☐

태양계에서 가장 큰 **목성** ☐

아름다운 고리가 매력적인 **토성** ☐

누워서 태양
주위를 도는 **천왕성** ☐

태양에서
제일 멀리 있는 **해왕성** ☐

❷단계 로켓의 발사 장소를 선택하자.

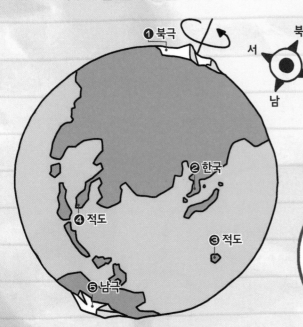

☐ ❶ 지구의 가장 북쪽, **북극**

☐ ❷ 우리가 살고 있는 **한국**

☐ ❸ 적도에서 **지구 자전 반대 방향**으로 발사되는 발사대

☐ ❹ 적도에서 **지구가 자전하는 방향**으로 발사되는 발사대

☐ ❺ 지구의 가장 남쪽, **남극**

로켓의 연료를 적게 쓰면서
속도를 빠르게 하려면
지구의 자전을 이용하는 게
좋을 거야.

❸단계 행성으로 가는 길을 선택하세요.

외행성 궤도

지구 궤도

내행성 궤도

☐ ❶ 행성 공전 방향의 반대 방향

☐ ❷ 행성이 보이는 직선 방향

☐ ❸ 행성이 공전하는 방향

❶

❷

❸

로켓의 연료를 가장 적게 쓸 수 있는 방향은 어디일까?

❹단계 자신이 고른 행성을 탐사할 방법을 선택하세요.

아래 빈 동그라미에 자세히 탐사하고 싶은 곳의 특징을 그리거나 써보세요.

☐ 행성 충돌 방법

☐ 행성 옆을 지나치며 탐사하는 방법

☐ 행성의 인공위성이 되는 방법

☐ 행성에 착륙하는 방법

화성을 탐사하라!

별꿈이, 라이카와 함께 로켓을 타고 화성을 탐사해 보세요.

START ▼

1. 처음 로켓에 대한 아이디어를 제시한 사람은 치올콥스키이다.

2. 연료통이 여러 개인 로켓보다 하나인 로켓이 우주를 탐사하기에 더 좋다.

3. 액체연료 로켓이 고체연료 로켓보다 속도를 조절하기 좋다.

4. 행성의 중력을 이용해 탐사선의 속도를 조절하는 것을 스윙 바이라고 한다.

GOAL ▼

별을 아는 어린이는 생각이 깊어집니다!

별의 색깔에 담긴 과학

별의 색깔

별은 어떤 색을 가지고 있을까요? 아래 사진을 보면서 별의 색을 구분해 보세요.

알카이드는_____색, 두브헤는_____색,

알데바란은_____색, 그리고 플레이아데스는_____색이고,

카펠라는_____색이구나!

우리은하 중심의 수많은 별을 찍은 사진

별꿈이가 찾고 싶어하는
초록색 별을 찾을 수 있나요?

초록색 별을 찾아서

미술시간에 물감으로 그림 그렸던 것을 생각해 보세요. 물감의 기본 색은 빨강, 노랑, 파랑입니다. 이 세 가지 물감이 있으면 모든 색을 표현할 수 있지요. 하지만 빛의 색은 물감의 색과 달리 빨강, 초록, 파랑을 기본색으로 가집니다.

물감을 골고루 잘 섞었는데 까맣게 됐어.

파랑 물감과 노랑 물감을 섞으면 초록색이 되지롱.

앗! 그렇다면!

파랑 물감과 노랑 물감을 섞어서 초록색을 만든 것처럼, 파란 별과 노란 별을 섞으면 초록 별을 만들 수 있지 않을까?

어떤 색이 될까요?

만약 파란빛과 노란빛을 섞는다면, 어떤 색이 될까요?

❶ 초록색 ❷ 하늘색 ❸ 연두색 ❹ 흰색 ❺ 검은색   답 _____

별이 품고 있는 무지개

햇빛을 프리즘에 통과시키면 무지갯빛이 나타나지요. 무지개를 만들 수 있는 건 태양만이 아닙니다. 빨간 별이나 파란 별의 빛도 프리즘에 통과하면 무지갯빛이 만들어지지요. 이 무지갯빛을 스펙트럼이라고 부릅니다.

내 안에 무지개 있다.

나도 있어!

우리 모두 무지개가 있어!

어느 별이든 빨, 주, 노, 초, 파, 남, 보의 무지개색 스펙트럼을 가지고 있단다.

읽을거리

별의 색깔과 두 사람

헨리 드레이퍼는 별 스펙트럼 사진을 처음으로 찍은 미국의 과학자입니다.

헨리 드레이퍼가 촬영한 태양 스펙트럼

> 이런 사진은 처음보지?
> 내가 찍은 거라고.

헨리 드레이퍼 (1837~1882)

VEGA

> 드디어 베가의 스펙트럼을
> 찍는 데 성공했어!
> 모든 별을 다 찍어보겠어!

그는 여러 별의 사진과 스펙트럼을 찍었고, 거문고자리
베가의 스펙트럼을 찍는 데까지 성공했습니다. 하지만
안타깝게도 헨리 드레이퍼는 이른 나이에 많은 재산을
남기고 죽게 되었습니다. 그의 아내 안나 드레이퍼는
남은 재산을 하버드 대학교에 기증하며 헨리 드레이퍼의
별 스펙트럼 연구를 이어받아 달라고 부탁했습니다.

> 당신의 연구가 꼭
> 이어지게 해드릴게요.

안나 드레이퍼의 부탁을 받은 하버드천문대는 애니 캐넌을 채용했습니다.

모든 별에서 공통적인 검은 선이 보이네.

특히 베가에서 강하게 나타나. 이 검은 선이 가장 강하게 나타나는 별을 A, 가장 약하게 나타나는 별을 P로 해야겠어.

애니 캐넌 (1863~1941)

애니 캐넌은 처음에는 A, B, C 알파벳 순서대로 별을 16종으로 구분했습니다. 하지만 이후 별의 스펙트럼과 온도가 관계가 있다는 것을 깨닫고 O, B, A, F, G, K, M의 7가지로 별을 분류했지요.

어라, 온도에 따라 분류하니까 훨씬 간단하게 정리되네.

하지만 알파벳 순서가 엉망이 되어버렸어.

그녀는 자신의 분류법을 쉽게 외우는 방법으로 'Oh, Be A Fine Girl(Guy) Kiss Me!'라는 구절을 만들었답니다.

애니 캐넌이 나눈 별의 분류

O형	B형	A형	F형	G형	K형	M형
30,000도 이상	10,000~ 30,000도	7,500~ 10,000도	6,000~ 7,500도	5,200~ 6,000도	3,700~ 5,200도	3,700도 이하

별의 온도와 색깔

왜 별의 온도에 따라 색깔이 달라지는 것일까요? 또, 색깔과 스펙트럼은 어떤 관계가 있을까요?

빛이 가지는 색

빛이 가지는 색은 에너지와 연관되어 있습니다. 에너지가 강하면 파란빛과 보랏빛을 띠고, 에너지가 약하면 빨간빛을 띠지요. 별의 온도가 높을수록 강한 에너지가 많이 나오고, 별의 온도가 낮을수록 낮은 에너지가 많이 나온답니다.

별을 분류해보자!

아래 겨울철 별을 보고 애니 캐넌의 분류법에 따라 별을 분류해 보세요.

◀카펠라

◀알데바란

◀메이사
◀프로키온
◀베텔게우스

◀리겔

◀시리우스

O _____   **B** _____   **A** _____

F _____   **G** _____   **K** _____

M _____

아래 겨울철 별을 보고 애니 캐넌의 분류법에 따라 별을 분류해 보세요.

별빛을 탐사하라!

별꿈이, 라이카와 함께 별빛을 탐사해 보세요.

START ▽

1. 별의 색은 모두 같다.

2. 별빛이 가진
무지갯빛을
스펙트럼이라고 한다.

3. 별의 스펙트럼과
온도의 관계를 이용해
별을 분류한 사람은
애니 캐넌이다.

4. 별은 온도가 높을수록
빨갛고 온도가
낮을수록 파랗다.

GOAL

별의 크기와 별의 일생

memo

별을 아는 어린이는 생각이 깊어집니다!

별의 크기와 별의 일생 | **59**

별은 어디에서 태어날까?

별과 별 사이의 우주 공간은 물질이 거의 없는 진공 상태입니다. 별을 만들 수 있는 재료가 없는 것처럼 보이지요. 하지만 우주 공간 전체에 완전히 아무것도 없는 것은 아니랍니다. 그렇다면, 별을 만드는 물질이 모여 있는 곳은 어디일까요?

이거 봐! 우주에 떠 있는 구름이야!

우주는 텅텅 비어 보이는데, 대체 어디에서 별이 태어 나는 거지?

우주 공간에 수소와 헬륨, 우주 먼지 들이 구름처럼 많이 모여 있는 것을 성운이라고 합니다. 성운은 아기 별이 만들어지는 곳이랍니다.

우주 공간에 있는 것 ● ● ●

일반적인 우주 공간에는 1cm³ 공간에 수소 원자가 1개 있습니다.

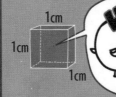

1cm
1cm
1cm

로켓 연료로도 이용되고 있어!

별이 태어나는 과정

1. 우주의 가스와 먼지

우주 공간의 가스와 먼지가 한 곳으로
모이기 시작합니다. 서로 잡아당기는 힘,
중력 때문이지요. 이 가스 덩어리는 주변
물질을 끌어당기며 점점 더 커집니다.
가스 덩어리의 중심은 바깥쪽 물질들에
눌려 밀도와 온도가 높아집니다.

2. 원시별

가스 덩어리의 온도가 높아지면서
중심에서 열과 빛을 내는데, 이것을
원시별이라고 합니다. **원시별**이 내는
열과 빛은 중력에 의한 것입니다. 따라서
원시별은 아직 별이라고 할 수 없습니다.

3. 별의 탄생

원시별에 가스가 더욱 많이 모여
중심 온도가 1,000만 도에 이르면
핵융합반응이 시작됩니다. 드디어
스스로 빛을 내는 별의 일생이 시작된
것이지요.

별은 어떻게 스스로 빛날까?

태양이 1초 동안 내는 에너지를 전기로 바꾸면 우리나라 사람들이 약 1억 5천만 년 정도 쓸 수 있는 양이 됩니다. 이처럼 엄청난 에너지를 내는 태양이 석유나 석탄에 의해 타고 있다면, 태양이 아무리 크다고 해도 5천 년 혹은 만 년 안에 태양이 식을 것입니다. 하지만 태양은 약 46억 년 동안 계속해서 빛나고 있습니다.

태양은 도대체 무엇을 태우고 있길래 이렇게 오랫동안 빛을 낼 수 있는 걸까?

연료를 다 써서 태양이 갑자기 빛나지 않으면 어쩌지?

1939년, 독일의 과학자 한스 베테는 태양이 오랫동안 빛날 수 있는 이유를 알아냈습니다.

저 별을 봐. 참 아름답게 빛나지?

그러네요.

별이 빛나는 이유를 아는 사람은 지구 상에 나밖에 없지. 별이 빛나는 이유를 아는 두 번째 사람이 되어 보겠어?

어머!

몸무게로 정해지는 별의 일생

밤하늘에는 온도와 색깔 그리고 밝기가 다른 여러 가지 별이 있습니다. 똑같이 우주의 가스와 먼지 속에서 만들어진 별이 이렇게 여러 모습인 이유는 별의 몸무게 때문입니다.

내 이름은 R136a1. 현재까지 발견된 별 중 가장 무거운 별이지. 태양보다 약 300배 정도 무거워.

내 이름은 GQ Lupi b. 현재까지 발견된 별 중 가장 가벼운 별이야! 나는 목성과 비슷한 무게란다.

내 옆에 작은 건 뭐지?

▲ GQ Lupi a.

무거운 별, 가벼운 별

무거운 별과 가벼운 별 중 어느 별이 더 오랫동안 핵융합반응을 할까요?

답 _____

난 조금씩 천천히 먹을 거야.

이 무게를 지탱하려면 엄청 많이 빠르게 먹어야 한다고!

별이 무거우면 별 중심 온도가 높아져 연료로 쓰이는 수소를 빠르게 씁니다. 따라서 무거운 별은 밝고 온도가 높은 파란 별이 됩니다. 반대로 가벼운 별은 천천히 수소를 사용해 어둡고 온도가 낮은 빨간 별이 됩니다.

무거운 별은 수소를 많이 가지고 있지만, 그만큼 빠르게 수소를 사용하기 때문에 수명이 짧고, 가벼운 별은 수소가 적지만 훨씬 천천히 수소를 쓰기 때문에 수명이 훨씬 길답니다.

여러 가지 별의 수명

주계열성의 분광형(색깔)	몸무게(태양)	주계열 수명
O(파란색)	40배	100만 년
B(청백색)	16배	1000만 년
A(흰색)	3.3배	5억 년
F(황백색)	1.7배	27억 년
G(노란색)	1.1배	90억 년
K(주황색)	0.8배	140억 년
M(붉은색)	0.4배	수천억 년

* 분광형: 별빛을 스펙트럼에 따라 분류한 것

적색거성이 되는 별

수소를 연료로 살아온 별은 수소가 다 떨어지면 일생을 마칠 준비를 합니다. 이때 별은 커다랗고 빨간 적색거성, 또는 적색초거성이 됩니다. 별의 온도는 내려가지만, 덩치가 커진 적색거성은 밝아서 밤하늘에서도 잘 보입니다. 전갈자리의 안타레스, 오리온자리의 베텔게우스, 황소자리의 알데바란 등이 대표적인 적색거성입니다.

태양▶   ◀지구
지구 공전 궤도

50억 년 후에는 태양의 핵이 수소를 다 써서 적색거성이 될 거예요. 태양이 적색거성이 되면, 지구가 있는 곳까지 커진답니다.

태양이 적색거성이 되다니!!

으악!! 지구 살려!

50억 년 후 태양

가벼운 별의 일생

태양과 같이 가벼운 별은 어떻게 일생을 마칠까요?

❶ 주계열성

❷ 적색거성

❸ 행성상성운   ❹ 백색왜성

❶ 주계열성

가벼운 별은 천천히 수소를 사용해서
오랫동안 별의 상태로 존재합니다.

❷ 적색거성

핵 내부의 수소를 다 쓴 별이
적색거성이 됩니다.

❸ 행성상성운

별 바깥의 가스가 우주 공간으로
퍼져 행성 모양의 성운을 만듭니다.

❹ 백색왜성

별 중심의 핵부분이 백색왜성으로
남습니다. 백색왜성은 밀도가 높아
흙 한 스푼이 자동차 1대 무게 보다
무겁습니다.

무거운 별의 일생

태양보다 8배 이상 무거운 별은 어떻게 일생을 마칠까요?

❶ 주계열성

❷ 적색초거성

❶ 주계열성

무거운 별은 빠르게 수소를 씁니다.

❷ 적색초거성

수소를 다 쓴 무거운 별은 적색거성보다
커다란 적색초거성이 됩니다.

❸ 초신성

적색초거성이 격렬히 폭발합니다.
별 바깥 물질은 불규칙적으로
우주 공간으로 터져 나갑니다.

❹ 중성자별/블랙홀

초신성 폭발 이후 별이 있던
자리에는 중성자별,
또는 블랙홀이 남습니다.

❹-1중성자별 : 태양보다 8배 정도
　　　　　　　무거운 별이 죽어 남긴 천체

❹-2중성자별 : 태양보다 20배 이상
　　↓　　　　무거운 별이 죽어 남긴 천체
　블랙홀　　 중성자별을 거쳐 블랙홀이 됩니다.

❹-3 블랙홀 : 태양보다 40배 이상
　　　　　　 무거운 별이 죽어 남긴 천체

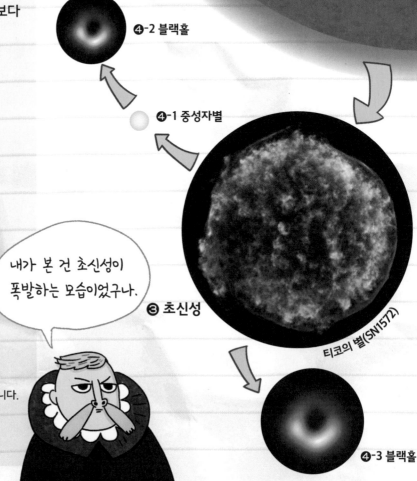

❹-2 블랙홀

❹-1 중성자별

내가 본 건 초신성이
폭발하는 모습이었구나.

❸ 초신성

티코의 별(SN1572)

❹-3 블랙홀

아기 별을 탐사하라!

별꿈이, 라이카와 함께 아기 별을 탐사해 보세요.

START

1. 티코 브라헤가
발견한 새로운
별은 별이 죽은
모습이다.

4. 가벼운 별이 무거운
별보다 빨리 수소를
사용한다.

2. 별은 핵분열반응으로
빛과 열을 낸다.

3. 핵 내부의 수소를
다 쓴 별은
적색거성이 된다.

GOAL

CHAPTER 05

달의 과학

별을 아는 어린이는 생각이 깊어집니다!

모양이 바뀌는 달

눈썹처럼 가늘게 보이던 달은 며칠 뒤에는 바가지처럼 보였다가, 또 며칠 뒤에는 둥글게 보입니다. 달의 모양이 매일 바뀌는 이유는 무엇일까요?

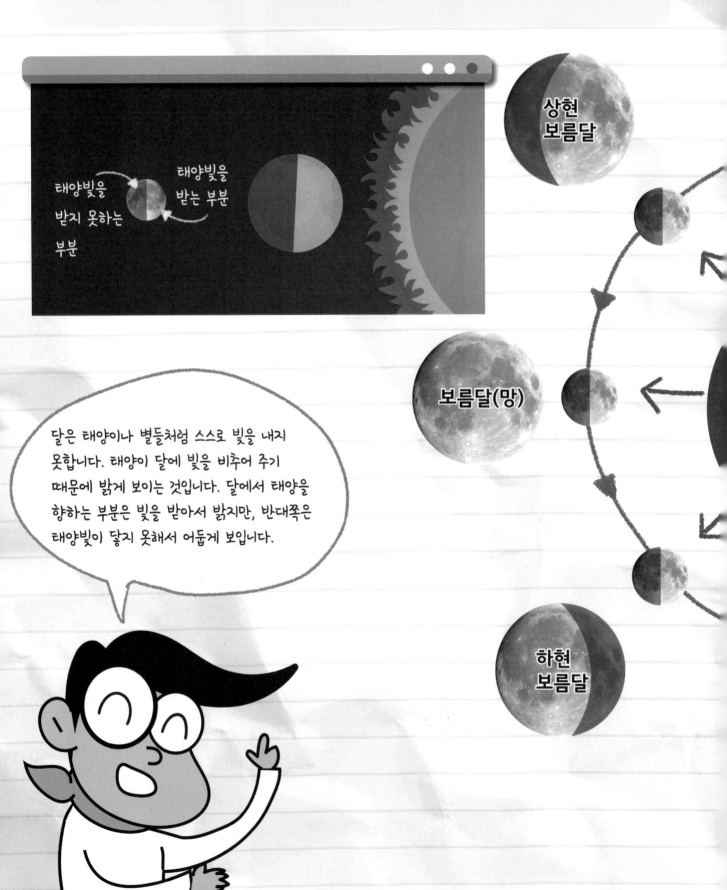

태양빛을 받지 못하는 부분

태양빛을 받는 부분

상현 보름달

보름달(망)

하현 보름달

달은 태양이나 별들처럼 스스로 빛을 내지 못합니다. 태양이 달에 빛을 비추어 주기 때문에 밝게 보이는 것입니다. 달에서 태양을 향하는 부분은 빛을 받아서 밝지만, 반대쪽은 태양빛이 닿지 못해서 어둡게 보입니다.

지구에서 보는 모습

상현달

초승달

삭

하현달

그믐달

달의 절반만 태양빛을 받을 수 있구나. 그렇다면 달은 항상 반달?!

항상 태양을 보는 쪽이 밝게 빛나니까 달의 모습도 언제나 똑같을 까요? 그렇지 않지요. 달의 모습은 매일 변합니다. 이는 달이 지구 주위를 공전하고 있기 때문입니다.

오른손을 닮은
초승달

왼손을 닮은
그믐달

저 달은 무슨 달?

다음은 별꿈이가 달을 관측한 경험을 이야기한 것입니다.
별꿈이는 어떤 달을 보고 왔을까요?

저녁 6시에 서쪽 하늘에서 본 달

저녁 6시쯤이었어.
해가 지는 서쪽을
보니까 낮은 하늘에
달이 떠 있더라고.
깜깜해지기 전에
해를 따라서
금방 져 버렸지.

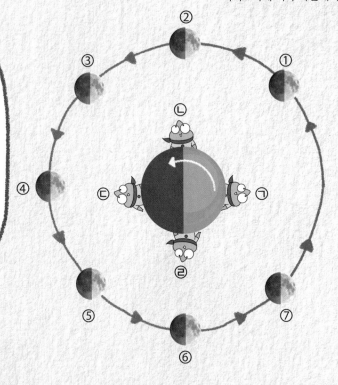

1. 저녁 6시에 별꿈이의
   위치는 어디일까요?

   ㉠ ㉡ ㉢ ㉣

2. 이때 해가 지는 서쪽 하늘에서
   보이는 달은 어느 것일까요?

   ① ② ③ ④ ⑤ ⑥ ⑦

3. 이 달은 무슨 달일까요?

   _____

달의 뒷모습

달의 무늬를 자세히 본 적 있나요? 우리가 잘 아는 토끼 무늬가 있는 쪽을 달의 앞면이라고 하지요. 그렇다면 달의 뒷면도 지구에서 볼 수 있을까요?

달은 지구에게 항상 앞모습만 보여준단다. 이유가 뭘까?

달의 뒷면

달의 공전주기와 자전주기

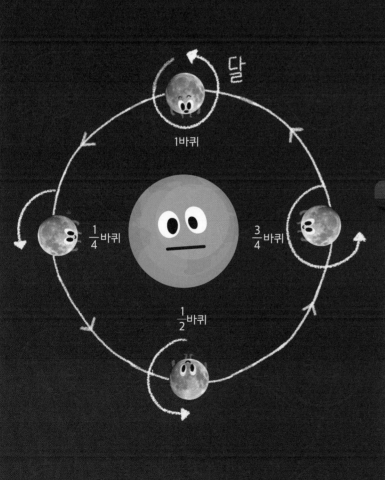

달은 지구 주위를 한 바퀴 공전하는 동안 스스로 한 바퀴 자전을 합니다. 달의 공전주기와 자전주기가 같기 때문에 지구에서는 항상 달의 앞면만 볼 수 있습니다.

만약 달의 공전주기와 자전주기가 다르다면 어떤 일이 생길까요?

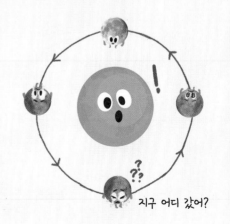
지구 어디 갔어?

달의 정체

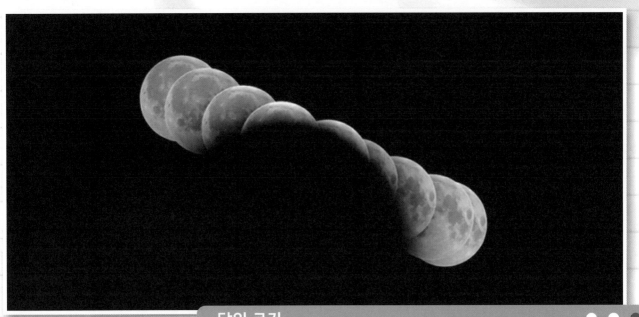

달의 크기

월식이 일어날 때 지구 그림자의 크기와 달의 크기를 비교해 보면 대략 4배 차이가 납니다. 실제로 정밀하게 측정한 달의 지름은 3,474km, 지구의 지름은 12,756km로 약 4배 차이가 맞습니다.

지구와 달 사이의 거리 약 384,400km

앗! 달이 태양을 완전히 가려버렸어!

달까지의 거리

태양과 달의 크기는 어마어마하게 다르지만 지구에서는 비슷한 크기로 보입니다. 왜 그럴까요? 바로 달이 태양보다 지구에 훨씬 가깝기 때문이지요. 달이 태양을 가리는 일식이 일어나는 것을 보면 달이 태양보다 지구에 가까이 있다는 것을 확실히 알 수 있지요.

달의 중력

달의 중력은 지구보다 약합니다. 달에서 몸무게를 재면 지구에서 잴 때보다 $\frac{1}{6}$ 배나 가벼워진답니다. 달에서 점프하면 지구에서보다 더 높이 뛸 수 있지요.

지구와 태양 사이의 거리 약 150,000,000km

아하. 달이 더 가까워서 태양을 가릴 수 있는 거구나.

달의 지형

망원경으로 달을 보면 눈으로는 보이지 않던 세세한 지형까지 자세히 볼 수 있습니다. 달 표면에는 어떤 지형이 있을까요?

추위의 바다
무지개 만
비의 바다
맑음의 바다
위난의 바다
증기의 바다   고요의 바다
폭풍의 대양
풍요의 바다
술의 바다
구름의 바다
습기의 바다

달의 바다

● ● ●

달 표면에서 얼룩무늬처럼 보이는 어둡고 평평한 지역입니다. 17세기 초의 천문학자들은 여기에 물이 있다고 생각해서 바다라고 이름을 붙였습니다. 사실 달의 바다는 달의 낮은 지역에 용암이 흘러들어 평평하게 채운 뒤에 굳어진 것입니다. 색깔이 검은 현무암으로 이루어져 있어서 어둡게 보입니다.

습기의 바다

크레이터

달을 온통 뒤덮고 있는
울퉁불퉁한 구덩이입니다.
크레이터는 대부분 운석이
충돌하여 생긴 자국입니다.
지름이 수십km에서 큰 것은
300km에 달합니다.

광조

크레이터 주변으로 빛이
뻗어나가는 것처럼 보이는
지형입니다. 운석이 충돌할
때 부서진 암석 먼지들이
사방으로 뻗어 나가 달 표면을
덮으면서 만들어졌습니다.

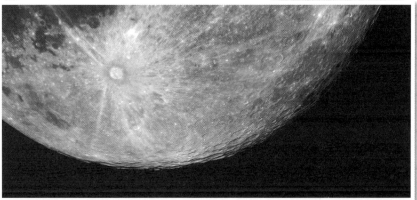

티코 크레이터와 광조

지구에도 운석이 떨어지지만 작은 것은 대기권에서 불타 없어지고, 큰 운석이 크레이터를 남긴다고 해도 지각운동과 풍화작용으로 서서히 사라집니다. 하지만 달에는 대기가 없어서 아주 작은 운석도 크레이터를 만들고, 한 번 만들어진 크레이터는 없어지지 않는답니다.

링클리지

달 표면에 주름살이 진 것처럼
보이는 지형입니다. 낮과
밤의 심한 기온 차이로 인해
달 표면이 수축과 팽창을
반복하면서 생겼습니다.

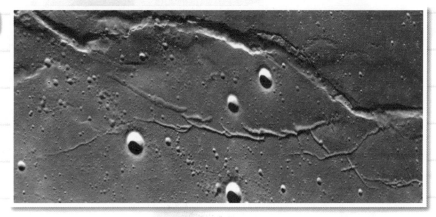

월식

월식은 달이 지구의 그림자 안으로 들어가면서 생기는 현상입니다. 지구가 태양 주위를, 달이 지구 주위를 공전하다가 때때로 태양-지구-달이 일직선 위에 놓이게 됩니다. 이때 태양의 반대 방향, 즉 달이 있는 방향으로 지구의 그림자가 드리워지는데, 여기에 달이 들어와서 월식이 일어납니다.

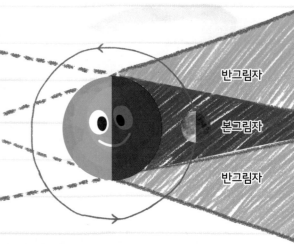

반그림자

본그림자

반그림자

⬤ **본그림자** 태양빛이 완전히 가려지는 곳에 생기는 어두운 그림자

◗ **반그림자** 태양빛이 일부만 가려져서 생기는 옅은 그림자

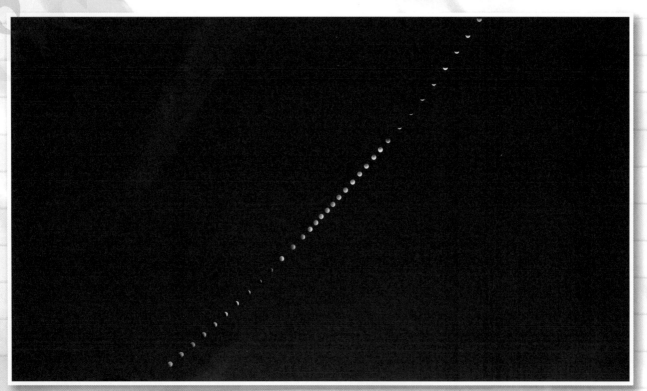

개기월식 과정

여러 가지 월식

월식의 종류는 개기월식, 부분월식, 반영식의 세 가지로 나누어집니다. 아래 그림은 서로 다른 세 가지 월식이 일어난 날에 달이 지구 그림자를 지나간 모습을 관측한 것입니다. 각각 어느 월식에 해당하는지 번호를 써보세요.

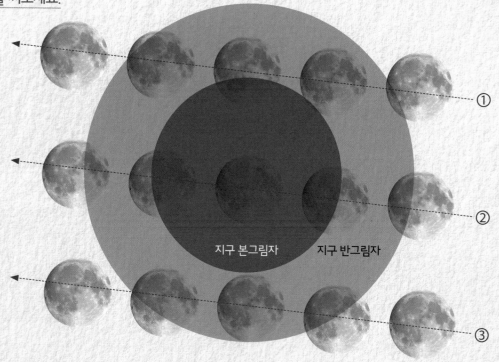

지구 본그림자   지구 반그림자

① ② ③

🏠 개기월식

지구의 본그림자에 달이 전부 들어갈 때를 말합니다. 달의 밝기가 몹시 어두워지고, 지구 대기를 통과한 붉은 빛이 달에 반사되어 달이 붉게 보이는 블러드문(또는 레드문) 현상이 일어납니다.

_____ 번

🏠 부분월식

지구의 본그림자에 달이 일부만 들어갈 때를 말합니다. 태양과 지구, 달이 정확히 일직선으로 놓이지 않고 약간 어긋나 있어서 달이 지구 본그림자에 완전히 들어가지 않는 경우에 일어나며, 달이 일부만 가려져 보입니다.

_____ 번

🏠 반영식

지구의 반그림자에 달이 들어갈 때를 말합니다. 본그림자에 들어갈 때와는 달리 달의 모습은 변하지 않고 그대로이며, 평소보다 밝기가 약간 어두워집니다.

_____ 번

읽을거리

달은 어떻게 생겨났을까?

달은 우리 지구가 가진 유일한 위성입니다. 그러나 태양계 전체에는 약 150개가 넘는 위성이 여러 행성들 주위를 돌고 있습니다. 이들 위성들은 어떻게 생겨났을까요? 지구의 달은 또 어떻게 해서 생긴 것일까요?

🪐 목성의 위성 이오, 유로파, 가니메데, 칼리스토

1610년 갈릴레오 갈릴레이가 직접 만든 망원경으로 발견한 목성의 네 위성으로, 갈릴레이 위성이라고도 합니다. 목성이 생길 당시 주변을 돌던 가스와 먼지가 뭉치면서 함께 만들어진 것으로 보입니다.

🪐 화성의 위성 데이모스와 포보스

화성의 두 위성 데이모스와 포보스는 지름이 수십 km에 불과한 암석 덩어리입니다. 지구의 달과 비교해 보면 상당히 작지요. 이들은 각자 우주를 떠돌다가 우연히 화성의 중력에 붙잡혀서 위성이 된 것으로 생각됩니다.

🪐 지구의 위성 달

달은 목성의 네 위성들처럼 지구와 함께 만들어졌다고 보기에는 구성성분이 지구와 너무 다릅니다. 그렇다고 화성의 두 위성들처럼 다른 곳에서 만들어졌다가 지구 중력에 붙잡혔다고 보기에는 구성성분에 비슷한 점이 많고, 또 달이 일반적인 위성의 크기에 비해 너무 크다는 문제가 있습니다. 그렇다면 달은 어떻게 만들어졌을까요? 여러 가지 학설이 있지만 가장 믿을 만한 것은 '충돌 가설'입니다. 45억년 전, 원시 지구가 만들어질 때 지구보다 작은 또 다른 원시 행성이 비슷한 궤도를 돌다가 지구와 충돌했습니다. 이때 발생한 먼지와 파편들이 뭉쳐서 지구 주위를 돌게 되었고, 시간이 지나며 굳어져서 달이 되었다는 것입니다.

미로천문학

달 탐방로를 설계하라!

별꿈이와 라이카가 달 표면을 탐사해서 탐방로를 만들려고 합니다. 모든 크레이터를
빠짐없이 방문할 수 있도록 길을 찾아보세요.

START

1. 달의 모습이
   바뀌는 이유는
   달이 지구 주위를
   공전하기 때문이다.

3. 달 표면이 어둡고
   평평한 지형을
   광조라고 한다.

2. 달의 앞면만 보이는
   이유는 달이 지구보다
   빠르게 자전하기
   때문이다.

4. 월식은 달이 지구의
   그림자에 가려지는
   현상이다.

GOAL

행성

움직이는 별

옛날 사람들은 긴긴 밤 동안 별빛 가득한 밤하늘에 별자리를 그려 보곤 했습니다.
그런데 매일 밤 별을 관찰하다 보니 신기한 것이 눈에 띄었답니다.

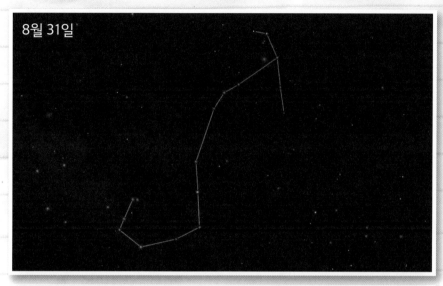

8월 31일

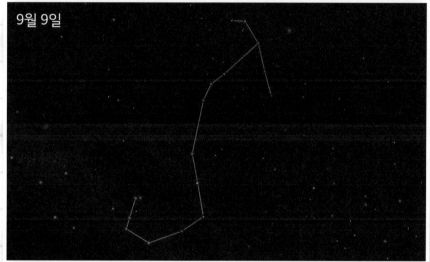

9월 9일

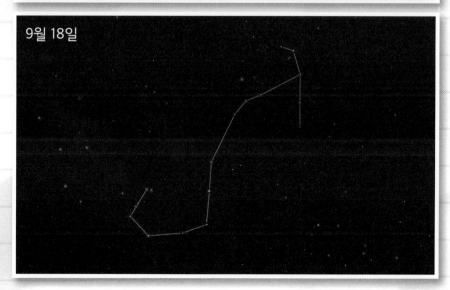

9월 18일

옆의 그림은 서로 다른
날 관찰한 전갈자리의
모습입니다. 위치가
달라지는 천체를 찾아
보세요.

별자리를 배경으로 매일
조금씩 움직이는 천체가
있습니다. 이 천체를 움직이는
별, 행성이라고 부릅니다.

맨눈으로 볼 수 있는 행성

맨눈으로 볼 수 있는 행성은 지구와 가까운 수성, 금성, 화성, 목성, 토성입니다.
옛날 사람들은 행성이 다섯 개라고 생각하고 각각 이름을 붙여 주었습니다.

수성   머큐리 Mercury

금성   비너스 Venus

지구   어스 Earth

화성   마스 Mars

동양

동양에서는 이 세상이 물, 불, 나무, 쇠, 흙의 다섯 가지 물질로 이루어져 있다고 생각했습니다. 그래서 다섯 행성의 이름을 수성(물), 금성(쇠), 화성(불), 목성(나무), 토성(흙)이라고 지었습니다.

서양

서양에서는 그리스 신화에 나오는 전령의 신 헤르메스, 미의 여신 아프로디테, 전쟁의 신 아레스, 신들의 왕 제우스, 제우스의 아버지 크로노스의 이름을 따서 행성 이름을 지었습니다. 이들의 영어식 이름은 머큐리, 비너스, 마스, 주피터, 새턴입니다.

목성   주피터 Jupiter

토성   새턴 Saturn

행성 수수께끼

아래에서 빈칸에 들어갈 행성은 무엇일까요?

태양   달   화성   _____   목성   _____   토성

나중에 발견된 행성

오래전부터 잘 알려진 다섯 개의 행성 외에 맨눈으로는 보이지 않는 천왕성과 해왕성은 어떻게 발견되었을까요?

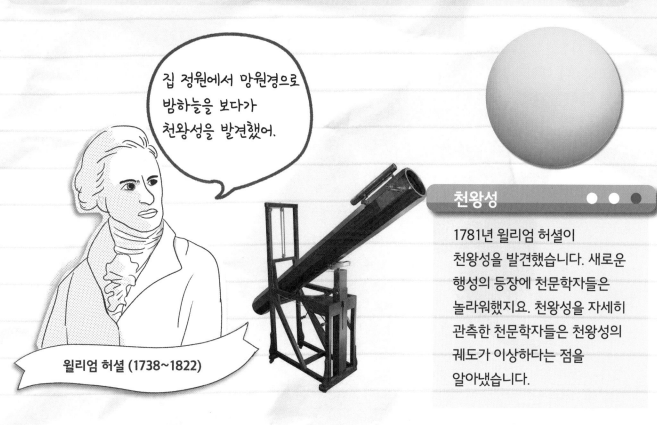

집 정원에서 망원경으로 밤하늘을 보다가 천왕성을 발견했어.

윌리엄 허셜 (1738~1822)

천왕성 ● ● ●

1781년 윌리엄 허셜이 천왕성을 발견했습니다. 새로운 행성의 등장에 천문학자들은 놀라워했지요. 천왕성을 자세히 관측한 천문학자들은 천왕성의 궤도가 이상하다는 점을 알아냈습니다.

나는 해왕성의 위치를 계산했지.

나는 르베리에가 예측한 행성을 찾았어!

해왕성 ● ● ●

프랑스의 수학자 르베리에는 천왕성의 운동 자료와 뉴턴 역학을 이용해 천왕성 너머 알려지지 않은 행성의 질량과 궤도를 계산했습니다. 그는 요한 갈레에게 편지를 보내 이 행성을 찾아 달라고 부탁했지요. 갈레는 이 편지를 받은 날 바로 해왕성을 발견했습니다.

위르뱅 르베리에 (1811~1877)

요한 갈레 (1812~1910)

태양계의 행성

수성

태양계에서 가장 작은
행성으로 지구의 달보다 약간
큰 정도입니다. 대기가 없어서
달처럼 크레이터가 많고 낮과 밤의
기온차도 심합니다.

- 지름 : 지구의 0.4배
- 태양까지의 거리 : 0.4AU
- 자전주기 : 58.7일
- 공전주기 : 88일
- 위성 수 : 0개
- 자전축 기울기 : 0.05°

금성

두꺼운 이산화탄소 대기를
가지고 있어 행성 중에서 가장
뜨겁습니다. 자전축이 뒤집힌
금성에 있으면, 해가 서쪽에서
뜨는 모습을 볼 수 있답니다.

- 지름 : 지구의 0.95배
- 태양까지의 거리 : 0.7AU
- 자전주기 : -243일
- 공전주기 : 224.7일
- 위성 수 : 0개
- 자전축 기울기 : 177.36°

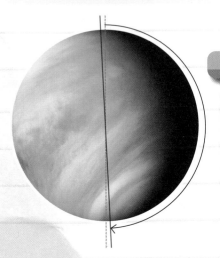

지구

1AU=약 150,000,000km

태양에서 너무 가깝지도, 너무
멀지도 않아 생명체가 살기에
적당한 온도를 가진 행성입니다.
태양계 행성 중 유일하게 생명체가
살고 있지요.

- 지름 :12,742km
- 태양까지의 거리 : 1AU
- 자전주기 : 1일
- 공전주기 : 365일
- 위성 수 : 1개
- 자전축 기울기 : 23.4°

화성

산화철로 이루어진 붉은색 먼지로
덮여 있고 물과 이산화탄소
얼음으로 된 극관이 있습니다.
인간이 이주하여 생존할 수 있는
가능성이 가장 높아서 많은 연구가
이루어지는 행성입니다.

- 지름 : 지구의 0.5배
- 태양까지의 거리 : 1.5AU
- 자전주기 : 1.03일
- 공전주기 : 686.9일
- 위성 수 : 2개
- 자전축 기울기 : 25.19°

🪐 목성

태양계에서 가장 크고 무거운
행성으로 나머지 7개 행성을 다
합친 것보다도 더 무겁습니다.
가로 줄무늬와 대기의 소용돌이인
대적점, 갈릴레이가 발견한 네
개의 위성이 유명합니다.

• 지름 : 지구의 11.2배
• 태양까지의 거리 : 5.2AU
• 자전주기 : 9.9시간
• 공전주기 : 11.9년
• 위성 수 : 79개
• 자전축 기울기 : 3.13°

🪐 토성

목성에 이어 태양계에서 두 번째로 큰
행성입니다. 토성의 아름다운 고리는 사실
먼지와 작은 암석, 얼음 알갱이로 이루어져
있습니다.

• 지름 : 지구의 9.1배
• 태양까지의 거리 : 9.5AU
• 자전주기 : 10.5시간
• 공전주기 : 29.5년
• 위성 수 : 62개
• 자전축 기울기 : 26.73°

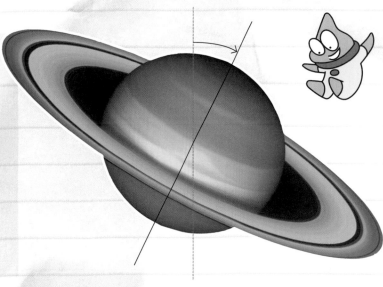

⚪ 천왕성

천왕성은 자전축이 97.77° 기울어져
있어서 마치 공전 궤도면에 누워서
자전하는 것처럼 보입니다. 대기는
메탄과 암모니아로 구성되어 푸르게
보이고 가느다란 고리가 있습니다.

• 지름 : 지구의 4배
• 태양까지의 거리 : 19.2AU
• 자전주기 : -17.2시간
• 공전주기 : 84년
• 위성 수 : 27개
• 자전축 기울기 : 97.77°

⚫ 해왕성

태양계 행성 중 태양에서 가장 멀리
떨어져 있습니다. 대기는 얼어붙은
메탄 알갱이로 이루어져 있고
표면에는 대암반이라고 불리는
검은 소용돌이가 나타났다가
사라지기도 합니다. 해왕성에도
가느다란 고리가 있습니다.

• 지름 : 지구의 3.9배
• 태양까지의 거리 : 30.1AU
• 자전주기 : 16.1시간
• 공전주기 : 164.8년
• 위성 수 : 14개
• 자전축 기울기 : 28.32°

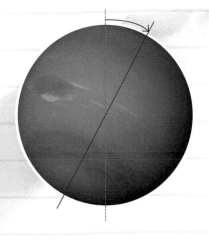

내행성과 외행성

태양계 행성을 어떻게 나눌 수 있을까요? 먼저 지구를 기준으로 지구보다 태양에 가까운지 먼 지에 따라 행성을 분류해 봅시다.

내행성
지구보다 안쪽 궤도에서 태양 주위를 돌고 있는 행성.

외행성
지구보다 바깥쪽 궤도에서 태양 주위를 돌고 있는 행성.

내행성과 외행성에 각각 알맞은 행성을 넣어보세요.

목성

금성

토성

화성

해왕성

천왕성

수성

지구

지구형 행성과 목성형 행성

행성을 나누는 또 하나의 방법은 크기와 구성 물질에 따라 나누는 것입니다.

지구형 행성(암석형 행성)

크기가 작고 단단함.
암석으로 이루어짐.

목성형 행성(가스형 행성)

크기가 큼.
가스로 이루어짐.

지구형 행성과
목성형 행성에
알맞은 행성을
넣어보세요.

천왕성

토성

수성

목성

화성

해왕성

금성

지구

행성의 공전과 자전

태양계 행성은 모두 태양을 중심으로 공전하고 있습니다. 동시에 스스로 회전하는 자전도 하고 있지요.

행성의 공전 방향 ● ● ●

행성이 태양 주위를 도는 운동을 공전이라고 합니다. 태양계의 모든 행성은 북쪽에서 보았을 때 **시계 반대 방향**으로 공전하고 있습니다.

~돈다돌아~

행성의 자전 방향 ● ● ●

행성이 팽이처럼 스스로 도는 운동을 자전이라고 합니다. 태양계 행성은 **금성과 천왕성**을 제외하고 모두 공전 방향과 같은 방향으로 자전합니다.

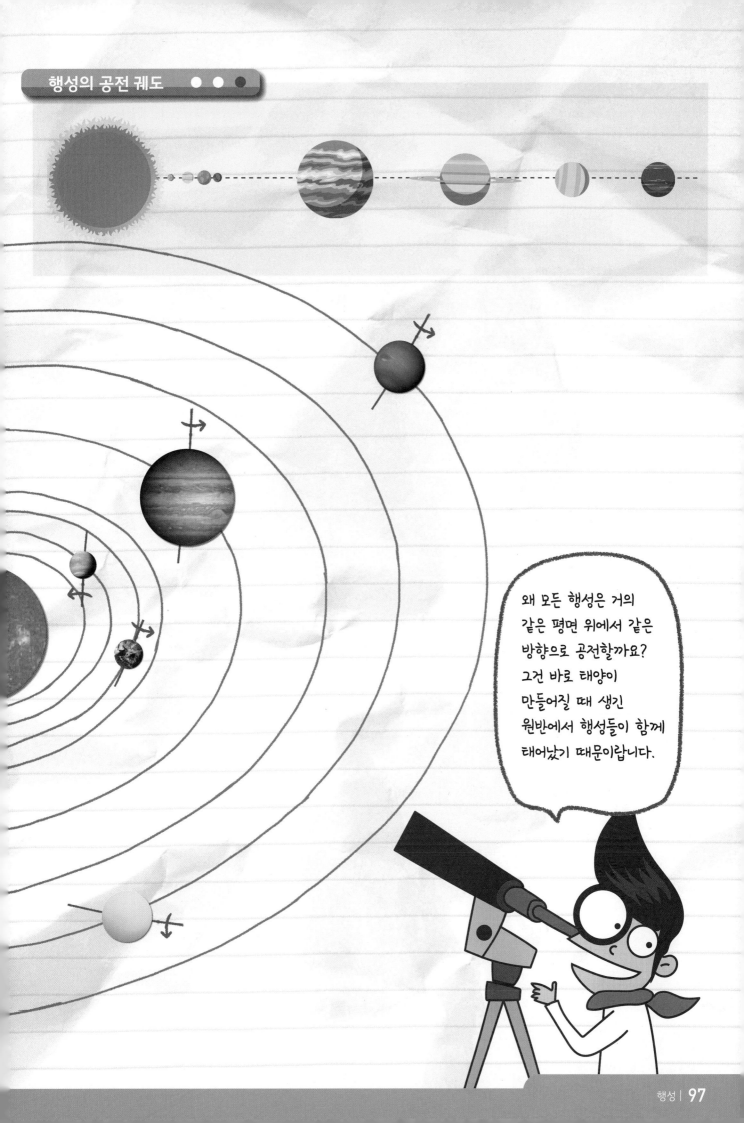

왜 모든 행성은 거의 같은 평면 위에서 같은 방향으로 공전할까요? 그건 바로 태양이 만들어질 때 생긴 원반에서 행성들이 함께 태어났기 때문이랍니다.

토성 고리에서의 모험

별꿈이가 토성의 고리에서 길을 잃었습니다. 라이카가 기다리는
우주선까지 무사히 도착하도록 길을 찾아주세요.

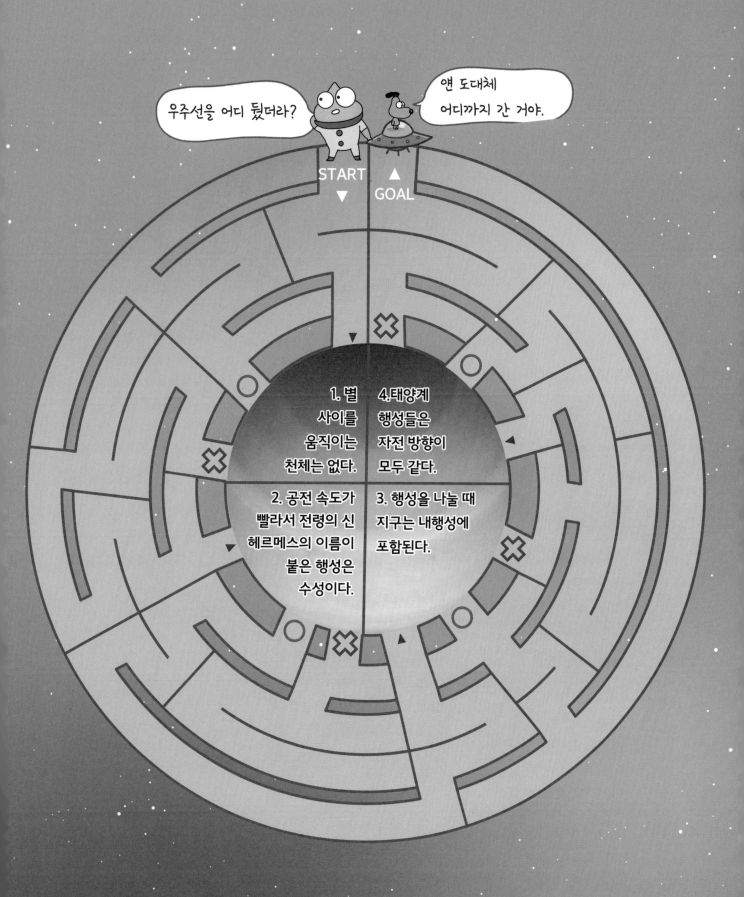

CHAPTER 07

지구의
운동과
별자리

하루에 한 바퀴, 하늘을 도는 별

탁 트인 하늘 아래 돗자리를 깔고 누워 밤하늘을 바라본 적 있나요? 잠깐 하늘을 보면 별이 움직이지 않고 가만히 있는 것처럼 보이지만, 한 시간 이상 계속 밤하늘을 보면 별이 움직이는 것을 알 수 있습니다.

해와 달이 동쪽에서 떠서 서쪽으로 지는 것처럼 별도 동쪽에서 떠서 서쪽으로 집니다. 동쪽 하늘을 보면 별이 떠오르는 모습을, 서쪽 하늘에서는 지는 모습을 볼 수 있습니다. 북쪽 하늘에서는 별이 지지 않고 북극성을 중심으로 돌고 있지요. 반대로 남쪽 하늘의 별은 땅 위로 올라왔다가 서쪽으로 집니다.

별이 하루에 한 바퀴씩 움직여서, 하룻밤 사이에도 여러 계절의 별자리를 볼 수 있답니다. 여름철에는 하룻밤 동안 어떤 별자리를 볼 수 있을까요?

● 봄철 별자리
● 여름철 별자리
● 가을철 별자리

초저녁 저녁8:00

동   남   서

한밤중 밤12:00

동   남   서

새벽녘 새벽4:00

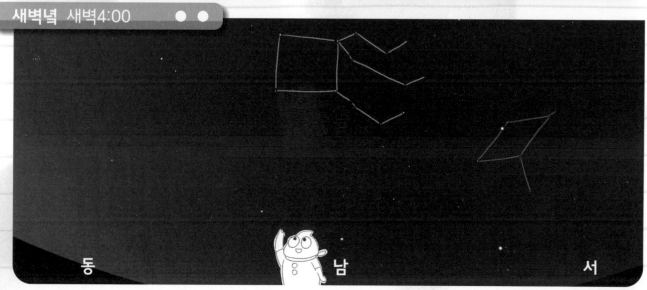

동   남   서

지구의 자전

별은 왜 매일 하늘을 도는 걸까요? 별 외에도 태양, 달, 행성까지 하늘의 모든 천체가 움직이는 것처럼 보입니다. 어떻게 된 걸까요?

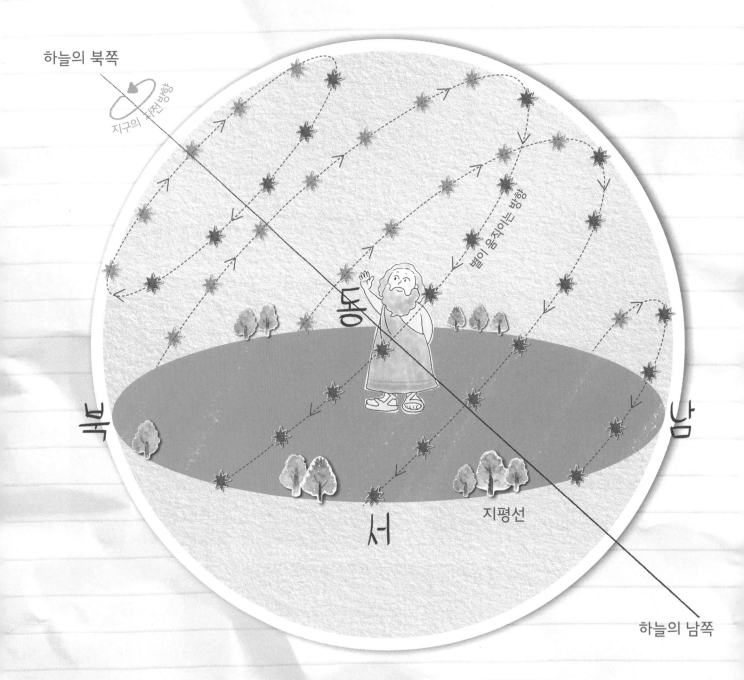

하늘의 북쪽

지구의 자전

하늘의 남쪽

별이 움직이는 방향

동

북

서

남

지평선

천체가 모두 움직이는 것처럼 보이는 이유는 지구가 서쪽에서 동쪽으로 자전하기 때문입니다. 그러나 고대 그리스의 천문학자들은 그 사실을 몰랐답니다. 천구라고 부르는 커다란 구에 여러 천체들이 박혀 있고, 그 구가 동쪽에서 서쪽으로 돌고 있다고 믿었습니다.

엥?

코페르니쿠스의 생각

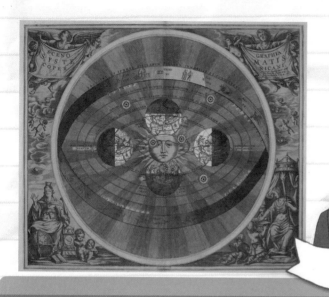

별이 뜨고 지는 것은 천구가 아니라 지구가 돌기 때문입니다.

코페르니쿠스 (1473~1543)

코페르니쿠스는 폴란드 출신의 천문학자입니다. 지구는 움직이지 않고 가만히 있으며 천구가 지구 주위를 돈다는 천동설 대신, 지구가 자전을 하면서 다른 행성들과 함께 태양 주위를 공전한다는 지동설을 주장했습니다.

지구가 그렇게 빠르게 돌고 있다면 태풍보다 센 바람이 항상 불고 사람들은 지구 밖으로 튕겨나갈 거야!

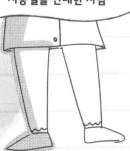

지동설을 반대한 사람

지동설이 하늘의 움직임과 잘 맞는데··· 저 말에는 반박할 수가 없네···

갈릴레오 갈릴레이 (1564~1642)

싸움 끝!
지구가 돌고 있어도 우리가 튕겨나가거나 거센 바람이 불지 않는 것은 지구상의 모든 물체가 중력으로 묶여서 함께 움직이기 때문입니다.

아이작 뉴턴 (1642~1727)

별꿈이의 별자리 관측일지

별꿈이가 7월 31일 하룻밤 동안 별자리를 관측하고 사진을 찍었습니다. 그런데 그만 사진이 뒤죽박죽 섞여 버렸답니다. 어느 사진을 어디에 붙여야 할까요?

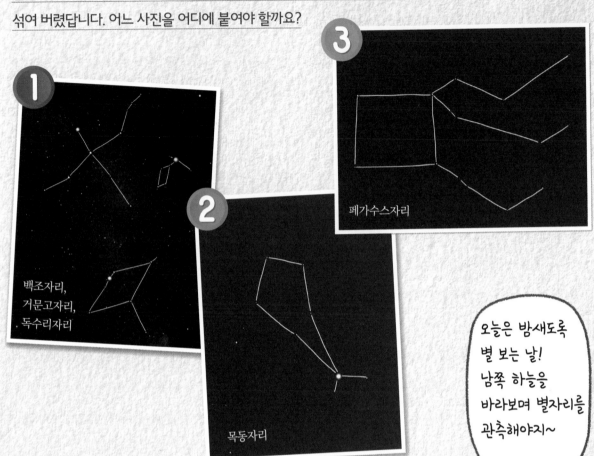

오늘은 밤새도록
별 보는 날!
남쪽 하늘을
바라보며 별자리를
관측해야지~

7월 31일 (맑음)

오후 8시
드디어 해가 지고 하늘이 어두워졌다! 밝기만 하던 하늘에 하나 둘 별이 나타났다. 남서쪽 하늘에서 별 하나가 잘 보였다. 얼른 사진을 찍었다.

밤 12시
하늘이 완전히 캄캄해지자 수많은 별들이 반짝였다. 머리 위에 밝고 예쁜 별이 세 개 보여서 또 한 번 사진을 찍었다.

새벽 5시
벌써 해가 뜨려는지 동쪽 하늘이 밝아지기 시작했다. 아까 봤던 별자리들은 서쪽으로 사라져서 아쉬웠다. 대신 별 네 개가 사각형 모양으로 보여서 마지막으로 사진을 찍었다.

108

계절에 따라 달라지는 별자리

겨울 : 새벽 3시

내 고향 시리우스가
있는 큰개자리!

지구 자전 때문에
시간에 따라서
별자리가
달라지니까···

매일 같은 시간에
나와서 큰개자리를
봐야지.

늦겨울 : 새벽 3시

어? 큰개자리가
지고 있어.

봄 : 새벽 3시

큰개자리는 없고
바다뱀자리가 나타났네?

여름 : 새벽 3시

이번엔 전갈자리??

가을 : 새벽 3시

이번엔 남쪽물고기자리!
도대체 어떻게 된 거지?

매일 같은 시간에 밤하늘을 보면 별자리가 조금씩 서쪽으로 이동하는
것을 눈치챌 수 있습니다. 계절이 바뀌면 지난 계절의 별자리는
완전히 서쪽으로 자리를 옮기고 새로운 계절의 별자리가 그 자리를
차지한답니다.

지구의 공전과 사계절 밤하늘

지구는 하루에 한 바퀴씩 자전하는 것 말고도 일년에 한 바퀴씩 태양 주위를 공전하고 있습니다. 지구의 공전 때문에 계절에 따라 보이는 밤하늘도 달라진답니다.

큰곰자리

게자리

사냥개자리

사자자리

봄철의 대곡선

목동자리

처녀자리

헤라클레스자리

백조자리

거문고자리

여름철의 대삼각형

독수리자리

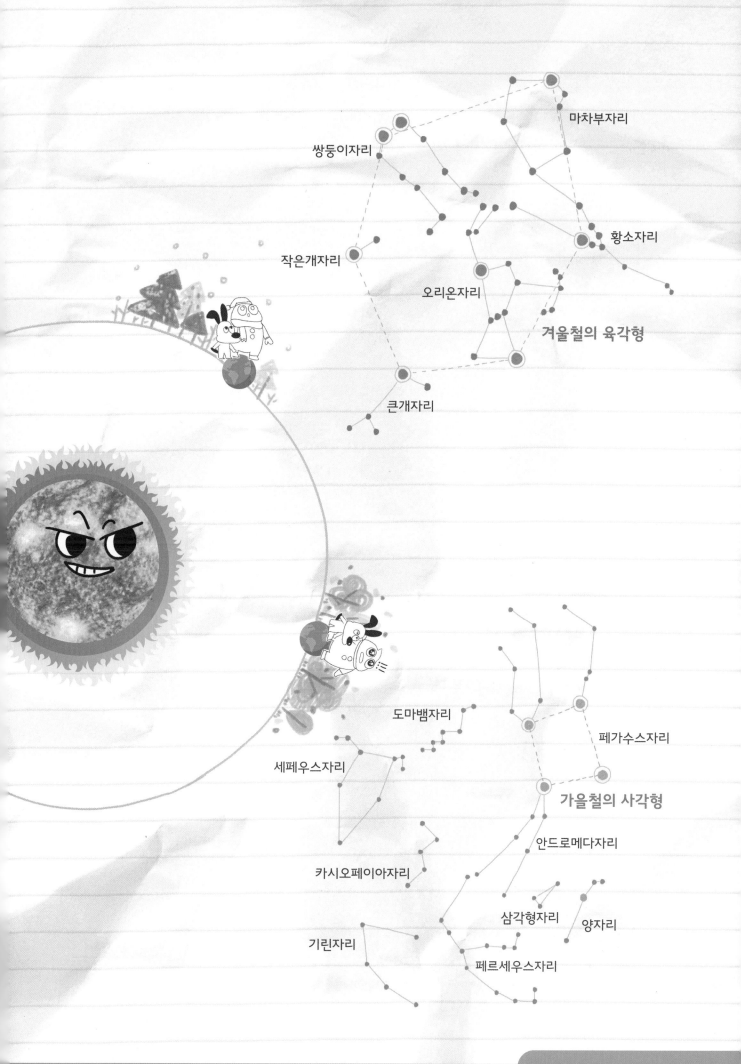

마차부자리

쌍둥이자리

황소자리

작은개자리

오리온자리

겨울철의 육각형

큰개자리

도마뱀자리

페가수스자리

세페우스자리

가을철의 사각형

안드로메다자리

카시오페이아자리

삼각형자리

양자리

기린자리

페르세우스자리

황도 12궁

지구가 태양 주위를 공전하기 때문에 마치 태양이 별자리 앞을 지나는 것처럼 보이는 12개의 별자리가 있습니다. 바로 황도 12궁입니다.

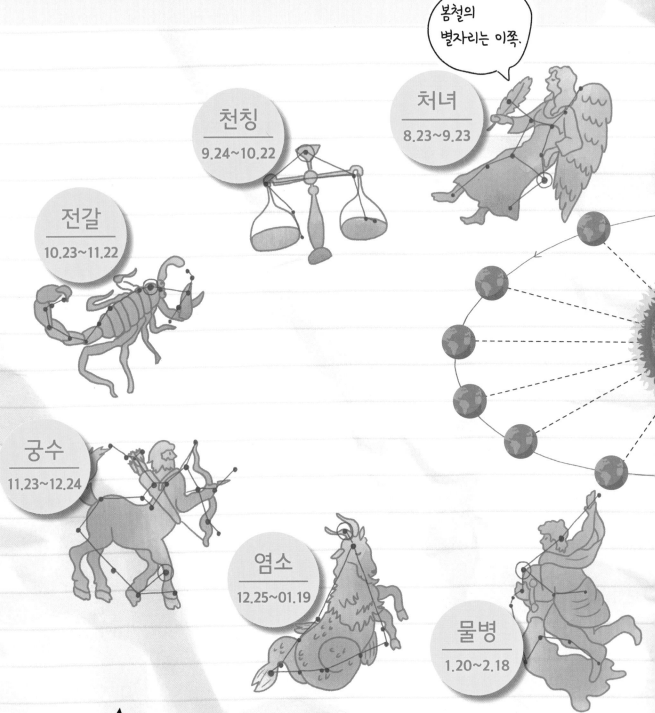

우리는 태어난 생일에 따라 자신의 별자리를 갖게 됩니다. 이를 생일 별자리라고 하지요. 생일 별자리는 황도 12궁 중 자신이 태어나는 시기에 태양이 머물러 있던 별자리랍니다.

나의 생일 별자리는?

황도 12궁 그림에서 나의 생일 별자리를 찾아보세요!

1. 나의 생일은?

   _____월 _____일

2. 나의 생일 별자리는?

   _____자리

3. 나의 생일 별자리와 태양을 이어서, 내 생일에 지구가 어디에 있는지 찾아보세요.

사계절 별자리 탐험

별꿈이와 라이카가 사계절의 별자리를 찾아가려고 합니다.
별꿈이를 도와서 길을 찾아보세요!

memo

별을 아는 어린이는 생각이 깊어집니다!

혜성 유성

무시무시한 머리카락 구름?

혜성의 영어 이름인 Comet은 머리카락이라는 뜻입니다. 옛날 사람들은 이 머리카락 구름이 다른 구름과 달리 자주 생기지도 않고 한 번 생기면 꽤 오래 사라지지 않아서 불길하다고 생각했습니다. 하지만 과학자들은 이 머리카락 구름의 정체를 밝히려 노력했답니다.

▲ 티코가 그린 혜성 1577의 그림. 혜성이 달보다 멀리 표시되어 있습니다.

▲ 세종 18년(1436년) 이순지의 '천문류초'에 혜성에 대해 쓰여 있답니다.

핼리의 발견

혜성은 밤하늘 아무 곳에나 갑자기 나타났다가 몇 달이 지나면 사라지곤 했습니다.
사람들은 혜성을 한 번 왔다가 영영 사라지는 천체로 여겼지요.

영국 천문학자 에드먼드 핼리는 과거 관측기록을 조사하던 중
이상한 점을 발견했습니다. 아래의 표를 보고 핼리가 발견한
것이 무엇인지 생각해 봅시다.

핼리의 관찰노트

다음은 핼리가 조사한 혜성들의 자료입니다. 핼리는 아래의 표를 보다가 비슷한 특징을 가지는 혜성이
일정한 주기로 돌아온다는 사실을 발견했습니다.

근일점 통과시간		근일점의 위치(황경)	궤도 경사	근일점에서 태양까지의 거리(AU)
1337년	06월	37°	31°	0.407
1482년	02월	457°	5°	0.543
1531년	**08월**	**301°**	**17°**	**0.587**
1532년	10월	111°	32°	0.509
1566년	04월	278°	32°	0.464
1577년	10월	129°	74°	0.183
1580년	11월	109°	64°	0.596
1585년	09월	8°	6°	1.094
1590년	01월	216°	29°	0.577
1596년	07월	228°	55°	0.513
1607년	**10월**	**302°**	**17°**	**0.587**
1611년	01월	115°	32°	0.449
1618년	10월	2°	37°	0.380
1652년	11월	28°	79°	0.848
1655년	04월	71°	76°	0.106
1664년	11월	130°	21°	1.026
1672년	02월	47°	83°	0.697
1677년	04월	137°	79°	0.281
1680년	12월	262°	60°	0.006
1682년	**09월**	**302°**	**17°**	**0.583**

안녕!

나 또 왔어~

또 나야~

근일점의 위치, 궤도 경사,
태양까지의 거리, 모든 값이
비슷한 혜성이 자꾸 나타나
네. 아니, 이 혜성이 나타나
는 주기도 비슷하잖아?

에드먼드 핼리 (1656~1742)

근일점 : 혜성이 태양과 가장 가까운 곳
황경 : 춘분점에서 황도면을 따라
동쪽으로 측정한 좌표값

돌아온 핼리 혜성

1531년, 1607년, 1682년에 관측된 혜성은 모두 같은 혜성이었어! 이 혜성은 75~76년의 주기를 가지므로 76년 후인 1758년에 다시 돌아올 거야.

1531년
1607년
1682년
:
"1758"년

할리가 죽은 지 15년 후인 1758년, 예상대로 혜성이 다시 나타났습니다. 이 혜성을 핼리 혜성이라고 부릅니다. 핼리 혜성은 1986년에 마지막으로 관측되었으며, 2061년에 다시 나타날 예정입니다.

과연 그럴까?

이제 혜성을 두려워하는 사람은 없겠죠?

읽을거리

핼리 혜성 대소동

1910년 4월, 핼리 혜성이 지구에 가까이 접근했습니다. 그러자 혜성 때문에 지구에 종말이 닥칠 것이라는 소문이 파다하게 퍼졌습니다. 혜성의 꼬리에 독가스인 시안이 포함되어 있다거나 미지의 병원균이 떨어져 인류를 전멸시킨다는 내용이었습니다. 정말로 혜성은 지구 종말을 몰고 왔을까요? 실제로 핼리 혜성의 꼬리가 지구를 스치기는 했지만 아무 일도 일어나지 않았답니다.

잠깐!! 어떤 것이 혜성?

별꿈이와 라이카가 지나쳐 간 것 중에 혜성이 숨어 있었습니다. 과연 어느 것이 혜성일까요?

혜성의 정체

아름다운 꼬리로 밤하늘을 수놓는 혜성은 사실 가까이에서 보면 눈, 얼음, 먼지로 뭉쳐진 '더러운 눈덩이'입니다. 중심에 있는 핵의 크기는 수km에서 수십km 정도이며, 태양에서 멀리 떨어져 있을 때는 꼬리가 없습니다.

허허, 실망시켜서 미안하구만.

이온 꼬리 ● ● ●

태양풍의 영향을 크게 받아서 태양 반대 방향으로 곧게 뻗습니다.

태양풍 진행 방향

혜성의 진행 방향

태양에서 멀 때는 꼬리가 없어~

핵

먼지 꼬리 ○ ● ●

혜성 진행의 반대 방향으로 약간 굽어져서 뻗습니다.

혜성이 태양 가까이 오면 태양열에 의해 얼음이 증발해 가스와 먼지로 이루어진 대기층이 핵 주위를 둘러싸는데, 이것을 코마라고 합니다.

이온 꼬리
핵
코마
먼지 꼬리

혜성의 고향

혜성은 어디에서 오는 걸까요? 혜성이 그리는 궤도를 살펴보면 혜성의 고향을 알 수 있습니다.

오르트 구름이 둥근 공 모양인 반면에 카이퍼 벨트는 납작한 원반 모양이지.

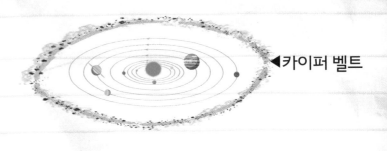

◀ 카이퍼 벨트

◀ 오르트 구름

제러드 카이퍼 (1905~1973)

주기가 200년 미만인 단주기 혜성은 태양으로부터 약 30~50AU 떨어진 곳에서 옵니다. 여기에는 작은 천체들이 띠처럼 모여 있습니다. 천문학자 카이퍼가 예측했기 때문에 카이퍼 벨트라고 부릅니다.

얀 오르트 (1900~1992)

주기가 200년 이상인 장주기 혜성은 태양으로부터 50,000AU나 떨어진 곳에서 옵니다. 여기에는 작은 천체들이 구름처럼 태양계를 감싸고 있는데, 천문학자 오르트가 예측했기 때문에 오르트 구름이라고 부릅니다.

카이퍼 벨트를 찾아라!

혜성은 멀리 있을 때는 관측하기 어렵습니다. 하지만 태양 가까이 다가와서 코마가 생겼을 때에는 잘 관측됩니다. 이때 혜성을 관측한 결과로 태양에서 멀리 떨어진 카이퍼 벨트를 찾을 수 있답니다.

1. 아래 그림에서 세 개의 혜성이 지나가는 타원 궤도를 완성하세요.

2. 각 타원에서 태양으로부터 제일 먼 지점(원일점)을 찾으세요.

3. 찾은 세 개의 원일점을 둥그렇게 연결하여 카이퍼 벨트를 만드세요.

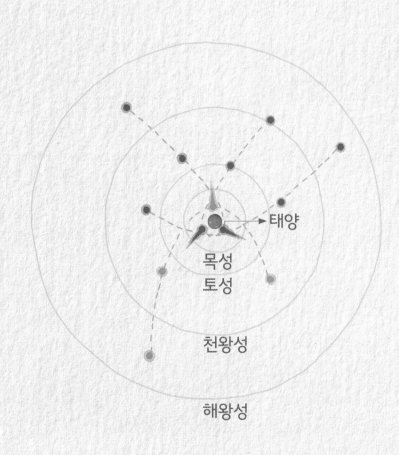

지구에 온 손님, 유성

꼬리가 달린 천체는 혜성뿐일까요? 밤하늘을 오랫동안 바라보고 있으면 별똥별이
꼬리를 끌며 순식간에 지나가곤 합니다. 별똥별도 우주에 있는 천체일까요?

혜성의 친척인 걸까?

우주의 먼지나 모래 알갱이야.

이란의 중앙 사막에서 찍은 쌍둥이자리 유성우

태양계에는 행성 사이를 떠돌아다니는 모래알처럼 조그만
천체들이 많이 있습니다. 그 중에서 지구 근처로 오는 것들은
지구 중력에 붙잡혀 떨어지게 됩니다. 이것이 지구 대기와
마찰을 일으켜 순간 밝은 빛을 내는 유성, 우리나라 말로는
별똥별입니다.

©Amir shahcheraghian

유성은 하루 사이에도 수십만 개가 떨어집니다. 밤은
물론이고 낮에도 떨어지지요. 맑은 날 밤에 어두운
곳에서 밤새도록 하늘을 바라본다면 백 개 정도의
유성을 볼 수도 있습니다.

126

유성우

1833년 11월, 지구의 밤하늘은 눈부시게 빛나는 빛줄기로 뒤덮였습니다. 셀 수도 없이 많은 유성이 쏟아져 마치 하늘이 불타는 것 같은 장관을 이루었지요. 이렇게 유성이 비처럼 많이 떨어지는 현상을 유성우라고 합니다.

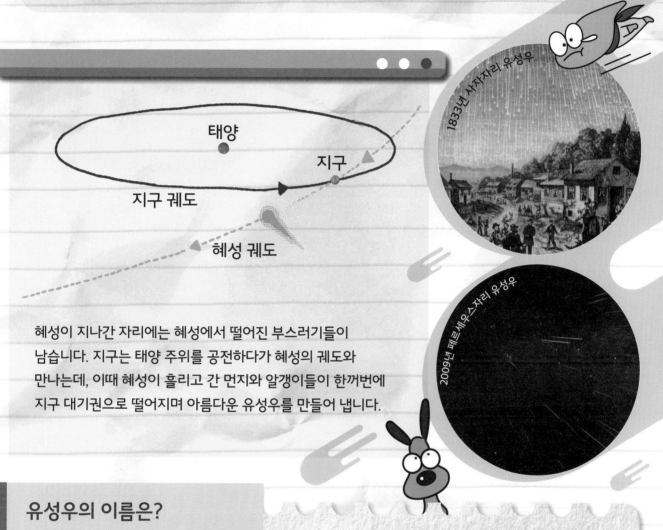

1833년 사자자리 유성우

2009년 페르세우스자리 유성우

혜성이 지나간 자리에는 혜성에서 떨어진 부스러기들이 남습니다. 지구는 태양 주위를 공전하다가 혜성의 궤도와 만나는데, 이때 혜성이 흘리고 간 먼지와 알갱이들이 한꺼번에 지구 대기권으로 떨어지며 아름다운 유성우를 만들어 냅니다.

유성우의 이름은?

유성우가 생길 때 유성들이 움직이는 방향을 살펴보면 한 점에서 퍼져 나온 것처럼 보입니다. 이 점을 '복사점'이라고 합니다. 복사점이 하늘의 어느 별자리에 있는지에 따라서 유성우 이름을 붙이는데, 복사점이 페르세우스자리에 있으면 페르세우스자리 유성우, 복사점이 황소자리에 있으면 황소자리 유성우라고 부릅니다. 그렇다면 옆의 그림과 같이 떨어진 유성우의 이름은 무엇일까요?

운석이란?

대부분의 유성은 대기권에서 모두 불타서 사라져 버립니다. 그런데 그중에서 덩치가 큰 것들은 모두 타지 않고 지표면까지 도착하지요. 이것을 운석이라고 합니다.

운석에는 가벼운 암석질도 있고 무거운 철질도 있으며, 콩알만 한 것에서부터 집채만 한 것까지 크기도 다양합니다. 큰 것들은 지표면에 떨어지면서 거대한 운석 구덩이를 만들기도 합니다.

혜성을 잡아라!

별꿈이와 라이카가 혜성을 잡으러 갑니다.
두 친구를 도와서 미로를 통과해 보세요!

저기 도망간다!

START

빨리 쫓아가자!

2. 혜성의 꼬리는
한 개이다.

1. 핼리 혜성은 1758년,
예언된 날짜에 다시
돌아왔다.

3. 단주기 혜성의
고향은 오르트
구름이다.

4. 혜성, 소행성, 운석
등은 태양계에 대한
정보를 담고 있지
않다.

나 잡아봐라.

GOAL

CHAPTER 09

소행성 왜행성

memo

별을 아는 어린이는 생각이 깊어집니다!

소행성 왜행성 | 133

티티우스와 보데의 법칙

별꿈이가 과자를 발견한 것처럼 우주에도 일정한 거리마다 행성이 있습니다. 처음 이 법칙을 발견한 티티우스와 보데는 이 놀라운 발견을 사람들에게 알렸지요.

티티우스-보데의 법칙	실제 거리
수성 : 0.4	0.4 AU
금성 : 0.4+0.3=0.7	0.7 AU
지구 : 0.4+0.3×2=1.0	1.0 AU
화성 : 0.4+0.3×2×2=1.6	1.6 AU
?? : 0.4+0.3×2×2×2=2.8	?
목성 : 0.4+0.3×2×2×2×2=5.2	5.2 AU
토성 : 0.4+0.3×2×2×2×2×2=10.0	9.5 AU

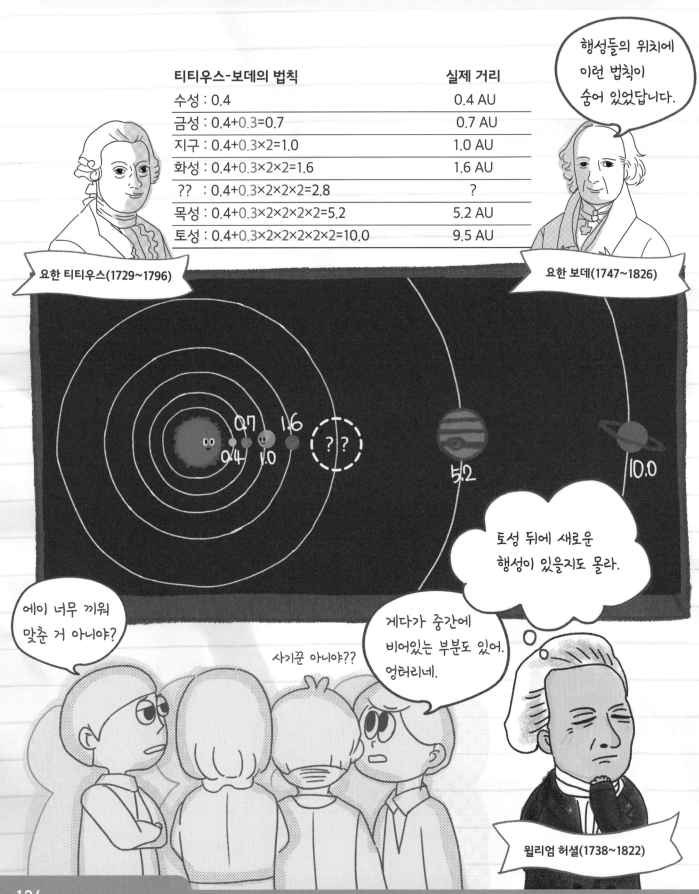

요한 티티우스(1729~1796)

요한 보데(1747~1826)

윌리엄 허셜(1738~1822)

새로운 행성, 천왕성을 발견했다! 티티우스-보데의 법칙에도 잘 맞네!

1781년, 천왕성이 발견되자 천문학자들은 티티우스-보데의 법칙을 다시 보게 되었습니다. 특히 화성과 목성 사이, 태양으로부터 2.8AU 위치에 관심이 쏠렸지요. 마침내 행성 수색대까지 결성해서 잃어버린 행성 찾기에 나섰답니다.

1801년 세레스 발견!

그러던 중 이탈리아의 천문학자 피아치가 화성과 목성 사이에서 수상한 천체를 발견했습니다. 그는 이것이 잃어버린 행성이라 믿고 세레스라는 이름을 지어 주었습니다.

주세페 피아치(1746~1826)

그러나 얼마 지나지 않아 팔라스, 주노, 베스타가 잇따라 발견되었습니다. 한 궤도에 이렇게 많은 행성이 존재할 수 있을까요?

헉!

1802년 팔라스 발견!
1807년 베스타 발견!

1804년 주노 발견!

하인리히 올베르스(1758~1840)

카를 하딩(1765~1834)

행성이 아닌 소행성

세레스, 팔라스, 주노, 베스타와 같은 천체의 발견으로 사람들은 행성과는 다른 천체들이 있다는 것을 알게 되었습니다. 행성과 움직임은 비슷하지만, 크기와 모양이 다른 이 천체들은 소행성이라는 새로운 천체로 분류되었습니다.

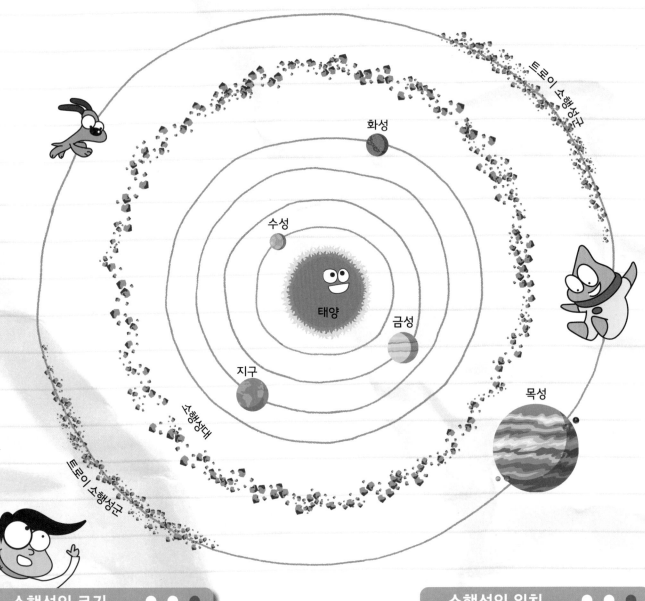

소행성의 크기 ● ● ●

소행성의 크기는 아주 다양합니다. 크기가 큰 팔라스와 베스타는 지름이 약 500km입니다. 반면, 작은 소행성인 슈타인즈는 4.6km 정도입니다. 지름이 약 10m인 초소형 소행성도 있습니다.

소행성의 위치 ● ● ●

화성과 목성 사이에 전체 소행성의 약 75%가 모여 있는데, 이곳을 소행성대라고 합니다. 나머지 소행성 중 일부는 목성과 같은 궤도에 몰려 있으며 이들을 트로이 소행성군이라고 합니다.

소행성을 찾아보자!

다음 세 개의 그림은 3일 연속 같은 시간에 같은 위치의 하늘을 바라본 것입니다. 모두 별처럼 보이지만 이 중에는 별이 아닌 소행성이 하나 숨어 있습니다. 눈을 크게 뜨고 찾아보세요!

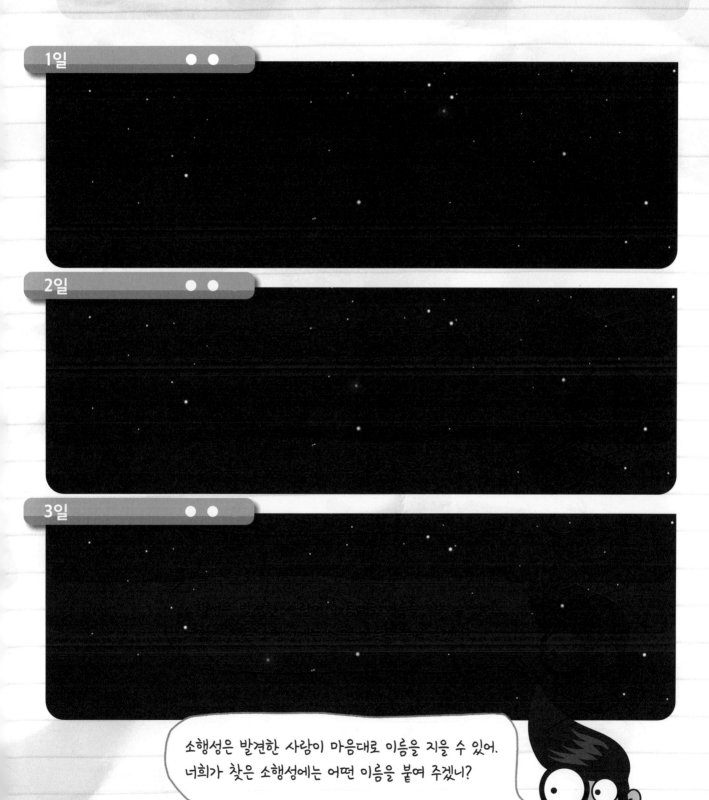

소행성은 발견한 사람이 마음대로 이름을 지을 수 있어. 너희가 찾은 소행성에는 어떤 이름을 붙여 주겠니?

내가 붙인 소행성 이름 _____

명왕성은 행성일까?

1930년, 미국의 클라이드 톰보는 해왕성 궤도 밖에서 명왕성을 발견했습니다. 명왕성은 발견 후 행성으로 인정받았고, 1978년에는 명왕성의 위성 카론도 발견되었지요.

명왕성 발견!

클라이드 톰보(1906~1997)

너 소행성?

아니면 행성?

2003 UB₃₁₃도 명왕성처럼 행성으로 인정해야 할까? 앞으로 발견되는 큰 소행성들 전부?

명왕성과 비슷한 2003 UB₃₁₃ 의 발견

2003년, 해왕성 궤도 밖에서 명왕성보다 크고 무거운 소행성 2003 UB₃₁₃이 발견되었습니다. 이 소행성 주변에서 위성까지 발견되자, 천문학자들은 2003 UB₃₁₃을 행성으로 인정해야 할지 고민에 빠졌습니다.

천문학자들의 고민은 결국 한 가지 의문으로 정리되었습니다.

"도대체 행성이란 무엇일까?"

행성이 되려면

고민을 거듭하던 국제천문연맹은 2006년, 새로운 행성의 정의를 선보였습니다.
과연 어떤 천체들이 행성으로 인정받았을까요?

행성이 되려면
이 정도의 상은 받아야지.

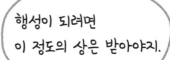

반가워! 친구들!

태양 주위를 공전하고

둥근 모양을 유지할 수
있을 정도로 충분히
질량이 크며

당연히 행성이지.

공전 궤도에서
다른 천체의 영향을 받지
않을 만큼 힘이 센 천체

새로 정한 행성의 정의에 맞는 태양계
천체는 모두 8개입니다. 2006년까지
행성으로 인정받았던 명왕성은 새로운
조건에는 맞지 않았습니다. 결국, 명왕성은
태양계 행성에서 퇴출당했답니다.

왜 나만 두 개야!

왜행성 친구들

국제천문연맹에서는 행성을 새로 정의하면서, 명왕성처럼 행성과 소행성 사이에 걸쳐 있는 천체를 따로 분류할 필요를 느꼈습니다. 그래서 새로이 왜행성이라는 범주를 만들고 명왕성을 비롯한 5개 천체를 여기에 포함했습니다.

태양 주위를 공전하고

둥근 모양을 유지할 수 있을 정도로 충분히 질량이 크며

공전 궤도에서 다른 천체의 영향을 받는 힘이 약한 천체

다른 행성의 위성이 아니어야 함

134340 명왕성

명왕성은 행성에서 왜행성으로 다시 분류되면서 134340이라는 새 이름을 얻었습니다. 지름은 달의 2/3, 질량은 1/6이며 공전 주기는 248년입니다. 카론, 닉스, 히드라, 케르베로스, 스틱스 등 5개의 위성을 가지고 있습니다.

왜행성이 되는 것도 쉬운게 아니네.

세레스

왜행성 중 유일하게 소행성대에 위치합니다. 소행성대 천체 중에서는 가장 크지만, 명왕성 질량과 비교하면 약 1/14에 불과합니다. 공전 주기는 4.6년입니다.

하우메아

명왕성과 비슷한 크기인 하우메아는 길쭉한 타원 모양인데, 4시간에 한 바퀴를 돌 정도로 자전 속도가 빠르기 때문입니다. 공전 주기는 285년이고 두 개의 위성 히이아카와 나마카를 가지고 있습니다.

에리스

2003 UB$_{313}$ 라는 소행성 번호로 불리다가 왜행성이 되면서 에리스라는 이름을 받았습니다. 최근 관측에 따르면 에리스는 명왕성보다 약간 작은 크기라고 합니다. 공전 주기가 무려 557년이고 한 개의 위성 디스노미아를 가지고 있습니다.

생각보다 왜행성 가족이 많구나.

그럼 소행성과 왜행성은 어떻게 다를까요? 모양이 둥글다는 조건을 만족하면 왜행성, 그렇지 않으면 소행성이랍니다.

마케마케

마케마케는 명왕성보다 약간 작은 크기입니다. 공전 주기는 310년입니다.

정체를 밝혀라!

천체들이 각자 자기소개를 하고 있습니다. 천체들의 소개를 보고 천체를 분류해 보세요.
과연 아래의 천체는 행성일까요, 왜행성일까요, 아니면 소행성일까요?

1 나는 **수성**이야! 둥근 모양을 하고 있어.
태양과 가장 가까운 위치에서 공전하는
천체지. 내 궤도에서는 내 힘이 제일 세.

2 안녕 난 **아이다**야!
나도 물론 태양 주위를 공전해.
내 모양이 좀 울퉁불퉁하지?

3 내 이름은 **하우메아**!
타원형인 내 모습이 눈에 익지 않니?
나는 카이퍼 벨트에서 태양 주위를
공전하고 있어.

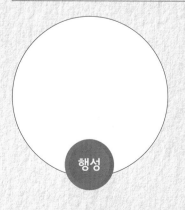

행성

왜행성

소행성

읽을거리

소행성은 어떻게 생겨났을까?

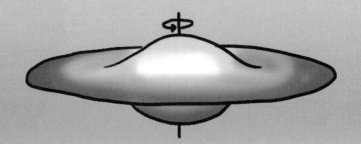

45억 년 전, 지금의 태양계가 있는
자리에는 별이 죽으며 남긴 먼지와
가스, 그리고 돌멩이들이 가득 차
있었습니다.

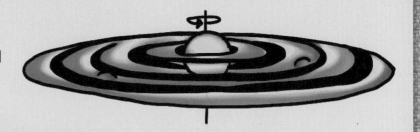

시간이 지나면서 물질 덩어리는
빙글빙글 회전하며 주위의 먼지와
가스를 끌어당기기 시작했습니다.
물질이 점점 많이 모이게 되자 큰 원반
모양을 이루었습니다.

한가운데에 있던 가장 큰 덩어리가
수소 핵융합반응을 일으키며 태양이
되었습니다.

태양 주변에 남은 물질 중 덩치가 큰 것은 자기 주변의 물질을 끌어당겨 합쳐집니다. 이렇게 태양
주변을 돌고 있던 큰 덩어리들이 행성이 됩니다. 하지만 화성과 목성 사이에 있던 크고 작은
덩어리들은 거대한 목성의 중력 때문에 뭉칠 수가 없었습니다. 이렇게 행성으로 발전하지 못한 크고
작은 천체들이 바로 소행성이랍니다.

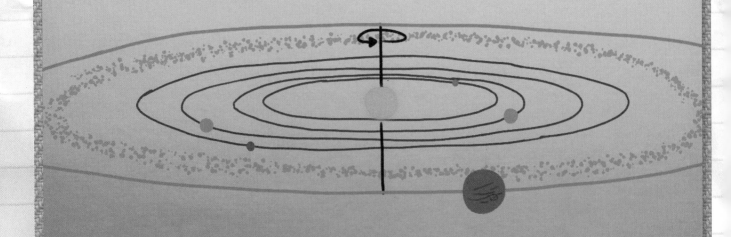

왜행성을 탐사하라!

별꿈이와 라이카가 왜행성을 탐사합니다.
미로를 따라 여러 지점을 방문해서 왜행성의 토양 표본을 채집하세요!

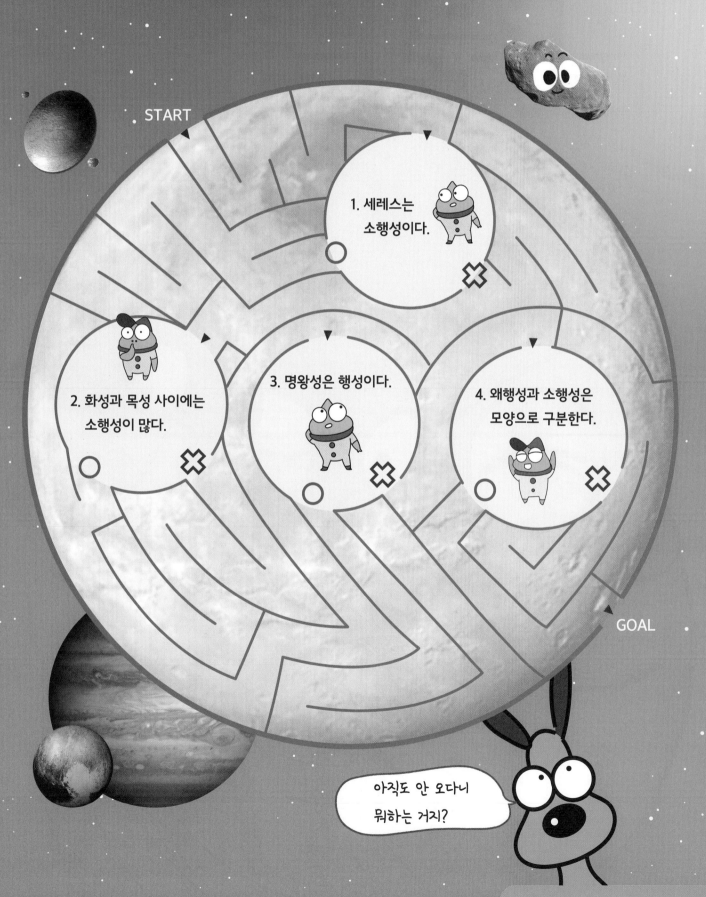

CHAPTER 10

망원경

스파이 글래스

렌즈 두 개를 겹쳐서 보면 어떤 일이 일어날까요? 아이들의 놀이에서 시작된 발명에 대해 알아봅시다.

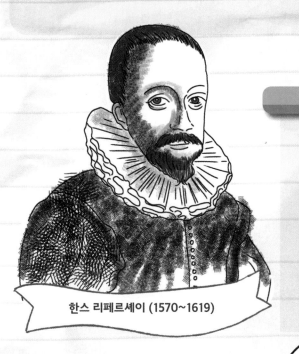

한스 리페르셰이 (1570~1619)

네덜란드의 안경 제조자인 한스 리페르셰이는 우연히 두 개의 렌즈를 적당한 거리에 두면 멀리 있는 것이 크고 뚜렷하게 보인다는 것을 알게 되었습니다. 그가 발명한 것은 바로 망원경이었습니다. 당시의 사람들은 이 망원경을 스파이 글래스라고 불렀습니다. 주로 적군을 몰래 염탐하는 데 사용했기 때문이지요.

오페라를 더 잘 볼 수 있군요!

적군을 감시하기에 좋겠어!

항해할 때 도움이 되겠군!

스파이 글래스로 하늘의 천체를 보면 어떨까?

갈릴레오 갈릴레이(1564~1642)

갈릴레이의 굴절망원경

갈릴레이는 보통의 스파이 글래스보다 성능이 좋은 굴절망원경을 만들었습니다. 그리고 망원경으로 하늘을 관찰했지요. 망원경으로 하늘을 본 갈릴레이는 깜짝 놀랐어요. 하늘의 천체들이 완벽하게 동그랗지 않았고, 정지해 있지도 않았기 때문이지요.

> 하늘을 관측하는 데 사용된 갈릴레이의 망원경은 최초의 천체망원경이라고 할 수 있답니다.

갈릴레이가 본 천체들

울퉁불퉁한 달

목성 주변을 도는 위성

고리가 있는 토성

달처럼 위상이 변하는 금성

수많은 별로 이루어진 은하수

태양의 흑점

> 아니! 이럴 수가!

> 천체망원경으로 본 하늘은 몹시 흥미진진하군! 망원경을 크게 만들면 더 잘 보이지 않을까?

망원경 구경을 세 배정도 크게 만들어볼까?

이런! 망원경이 내 키보다 더 커졌잖아! 이렇게 되면 조절하기가 너무 힘든걸.

망원경을 크게 만드는 일은 쉬운 일이 아닙니다. 렌즈가 커지면 렌즈를 넣을 통도 커지고 길이도 길어져서 무거운 망원경을 조절하는 것이 더욱 어려워지기 때문입니다.

이런 더 심각한 문제가 생겼군. 크게 만든 망원경이 작은 망원경보다 잘 보이기는커녕 흐리고 여러 색이 겹쳐 보이잖아!!

프리즘

왜 그럴까요? 그 이유는 바로 프리즘 현상 때문입니다. 렌즈도 프리즘처럼 굽어진 유리로 되어 있어 빛이 들어가면 무지갯빛으로 퍼집니다. 작은 렌즈를 쓸 때보다 큰 렌즈를 썼을 때 이런 현상이 더 확실하게 나타나 우리의 눈을 어지럽힌답니다. 이런 현상을 색수차라고 합니다.

색수차가 없는 큰 망원경을 만들려면 어떻게 해야 할까요?

단서 ❶ 빛을 모아야 합니다.

단서 ❷ 색수차를 일으키는 것은 렌즈이기 때문에 빛이 유리를 통과하지 않아야 합니다.

뉴턴의 반사망원경

빛에 관심이 많은 뉴턴은 렌즈를 사용하지 않고 망원경을 만드는 방법을 고민했습니다.

렌즈를 사용하지 않는 망원경이라... 렌즈 대신 빛을 모아줄 수 있는 것이 없을까?

직진하는 빛의 방향을 바꿀 수 있는 방법에는 굴절과 반사가 있습니다. 렌즈는 빛을 굴절시키는 역할을 하지요. 그럼 빛을 반사시키는 것은 무엇일까요?

바로 거울이지요! 거울에 반사된 빛은 유리를 통과하지 않아 색수차가 나타나지 않습니다. 뉴턴은 볼록한 렌즈 대신 색수차가 없는 오목한 거울을 사용해서 망원경을 만들었습니다. 거울로 만든 망원경은 색수차가 없어 망원경을 크게 만들어도 천체가 잘 보입니다.

거울로 만든 망원경이니 반사망원경이라고 하면 되겠군.

빛이 모이는 곳에 눈을 대면 되나요? 어라. 아무것도 보이지 않아요.

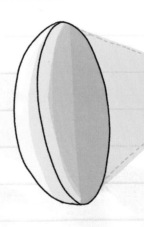

이렇게 빛이 모이는 곳을
바꿔주면 천체가 보이지?

뉴턴식 반사망원경

반사망원경은 거울로 모아진
빛을 바로 눈으로 보려고 하면
얼굴이 망원경으로 들어오는
빛을 가려버립니다. 이 문제를
어떻게 해결해야 할까요?
그림처럼 부경을 이용해 빛이
모이는 곳을 망원경 바깥으로
빼면 간단하게 해결할 수 있지요.

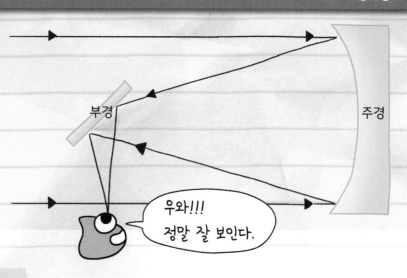

우와!!!
정말 잘 보인다.

카세그레인의 생각

카세그레인은 빛이 모아지는 곳을 망원경 바깥으로 하는 다른 방법을
생각해냈습니다. 바로 거울에 구멍을 뚫는 것입니다. 이 방식은 천체를
관측하기에 편리해서 최근 반사망원경들은 대부분 카세그레인 방식으로
제작됩니다.

뉴턴이 만든 망원경은 눈으로 보는 방향과 빛이
들어오는 방향이 달라서 영 불편한데. 그냥 거울에
구멍을 뚫어 버리는 건 어떨까?

로랑 카세그레인 (1629~1693)

카세그레인식 반사망원경

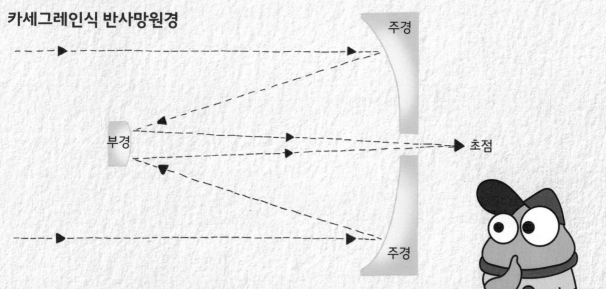

천체망원경의 요모조모(적도의식)

천체망원경은 경통, 가대, 삼각대로 구성되어 있습니다. 렌즈나 거울이 들어있는 경통은 망원경에서 제일 중요한 부분입니다. 가대는 경통의 방향을 이리저리 움직일 수 있도록 도와줍니다. 삼각대는 망원경의 높이를 조절하고 경통과 가대를 안정되게 유지하는 일을 합니다.

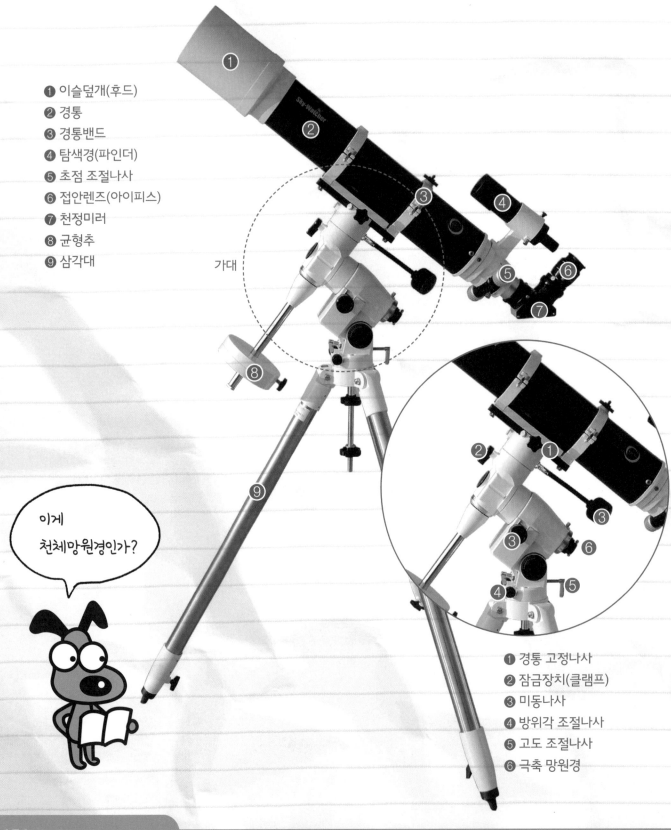

❶ 이슬덮개(후드)
❷ 경통
❸ 경통밴드
❹ 탐색경(파인더)
❺ 초점 조절나사
❻ 접안렌즈(아이피스)
❼ 천정미러
❽ 균형추
❾ 삼각대

가대

이게 천체망원경인가?

❶ 경통 고정나사
❷ 잠금장치(클램프)
❸ 미동나사
❹ 방위각 조절나사
❺ 고도 조절나사
❻ 극축 망원경

망원경으로 별을 보려면

망원경으로 천체를 관측하려면 어떤 순서로 망원경을 조작해야 할까요? 아래 순서대로 차근차근 따라해 봅시다.

망원경이 똑바로 서 있는지, 북극성을 향하고 있는지 확인합니다.

관측할 대상을 정한 다음 눈으로 위치를 확인합니다.

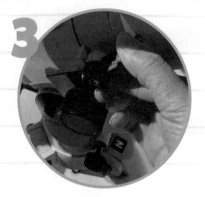

잠금장치(클램프) 2개를 풀어 줍니다.

관측 대상이 있는 쪽을 향하도록 경통을 움직입니다.

탐색경에 대상이 있는지 확인하고, 없으면 나타날 때까지 경통을 움직여 맞춥니다.

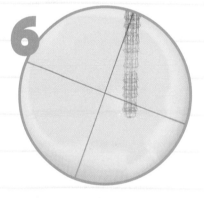

탐색경에 나타난 대상이 십자선 모양의 중심에 오도록 경통을 미세하게 움직입니다.

손으로 맞추는 것이 힘들면, 잠금장치를 잠그고 미동나사를 돌리면서 맞춥니다.

접안렌즈로 대상을 관측합니다.

관측 대상이 흐릿하게 보이면 초점 조절나사를 돌려서 가장 선명하고 작은 상태에서 봅니다.

접안렌즈에 대상이 안 보여요
망원경이 고장 난 걸까? [1]

저는 분명 대상을 탐색경 십자선에 맞춰 중앙에 두었어요. 그런데 접안렌즈로는 제가 맞춘 대상이 안 보여요. 왜 그렇죠?

저런, 탐색경과 경통이 나란히 한 곳을 향하지 않는구나. 탐색경과 경통을 잘 정렬해 나란히 해야 탐색경으로 찾은 대상이 경통의 접안렌즈로도 보인단다.

탐색경 정렬

1. 잠금장치를 풀고 경통의 접안렌즈를 보며 주변의 철탑 같은 특정 대상이 렌즈에 보이면 잠금장치를 잠근다.

2. 미동나사를 돌려 접안렌즈 정중앙에 특정 대상을 맞춘다.

3. 탐색경에서 접안렌즈로 보였던 것을 찾는다. (이때 탐색경이 너무 많이 어긋나 있으면 대상이 보이지 않을 수 있다)

4. 탐색경 조절나사를 돌려 대상을 탐색경 내의 십자선 중앙에 맞춘다.

5. 접안렌즈와 탐색경을 각각 보면서 두 물체가 중앙에 오는지 다시 한 번 확인한다.

탐색경 조절 나사

탐색경 정렬 전

탐색경 정렬 후

망원경에 대상이 거꾸로 보여요

망원경이 고장 난 걸까?2

굴절망원경으로 반달을 봤는데, 달이 거꾸로 보였어요.

그건 망원경이 고장 난 게 아니야. 최근 사용되는 대부분의 굴절망원경은 케플러식 굴절망원경이기 때문에 대상이 거꾸로 보이는 거란다.

케플러식 굴절망원경

케플러는 1611년 발간된 자신의 책에 대물렌즈와 접안렌즈를 모두 볼록렌즈로 하는 망원경을 제안했습니다. 케플러가 제안한 망원경은 시야가 넓고 배율을 조정하기 쉬워서 널리 쓰이게 되었습니다.

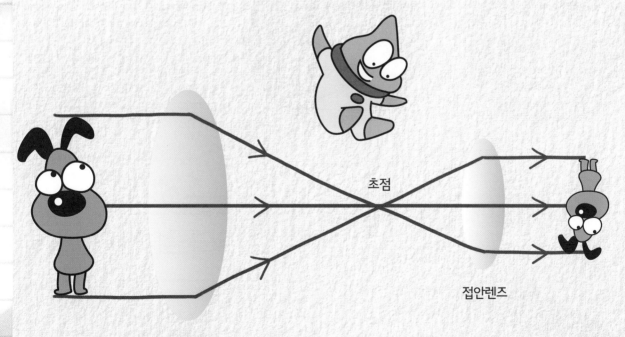

초점

대물렌즈

접안렌즈

얼마나 크게 보일까?

보통의 별은 망원경으로 봐도 똑같이 보이지만, 행성은 크게 확대되어 보이지요.
이때 망원경이 얼마나 확대해서 보여주는지를 배율이라는 말로 표현합니다.
천체망원경의 배율은 주경 대물렌즈의 초점거리를 접안렌즈의 초점거리로 나눈
값입니다.

알지쌤! "그 망원경은 몇 배까지
볼 수 있어요?" 이건 "몇 배 짜리
망원경이에요?"

별꿈이는 망원경에 대해 잘 모르는
구나. 망원경의 배율은 접안렌즈를
바꿀 때마다 변하기 때문에
"대물렌즈(주경)의 지름이
몇 mm예요? 하고 물어보면 된단다!"

◀토성

토성을 맨 눈으로 볼때

대물렌즈 초점거리 1,000mm

40배

접안렌즈 초점거리 25mm

대물렌즈 초점거리 2,000mm

400배

접안렌즈 초점거리 5mm

와! 보인다 보여!

$$천체망원경의\ 배율 = \frac{대물렌즈의\ 초점거리}{접안렌즈의\ 초점거리}$$

망원경으로 멀리 있는 대상을 볼 수 있는 이유는 망원경이 빛을 모아
주기 때문입니다. 따라서 주경이 커서 빛을 잘 모아줄수록 대상을
선명하게 볼 수 있지요. 이렇게 빛을 많이 모으는 망원경은 그만큼 더
확대해서 볼 수 있답니다.

망원경을 조사하라!

별꿈이, 라이카와 함께 망원경을 조사해 보세요.

START

1. 최초로 천체망원경을
   만든 사람은
   갈릴레오
   갈릴레이이다.

2. 거울을 이용해서
   빛을 모으는 망원경을
   굴절망원경이라고
   한다.

3. 망원경은 크게
   경통, 가대,
   삼각대로
   이루어져 있다.

4. 망원경으로 천체를
   찾을 때는 잠금장치를
   항상 잠가야 한다.

▶ GOAL

성운 성단 은하

혜성을 찾고 싶어

아래 사진은 메시에가 발견한 천체입니다. 이 천체들 중에는 혜성인 것도 있고, 혜성이 아닌 것도 있답니다. 메시에를 도와서 혜성을 찾아주세요. 혜성은 두 개 숨어 있습니다.

메시에 목록

메시에는 혜성이 아닌 천체를 모아 목록을 만들었습니다. 그래서 이 천체 목록의 이름이 메시에 목록입니다.

내가 만든 목록이니까 내 이름을 따고, 발견한 순서대로 숫자를 붙여 M1, M2, M3로 불러야지!

●성운 ●성단 ●은하

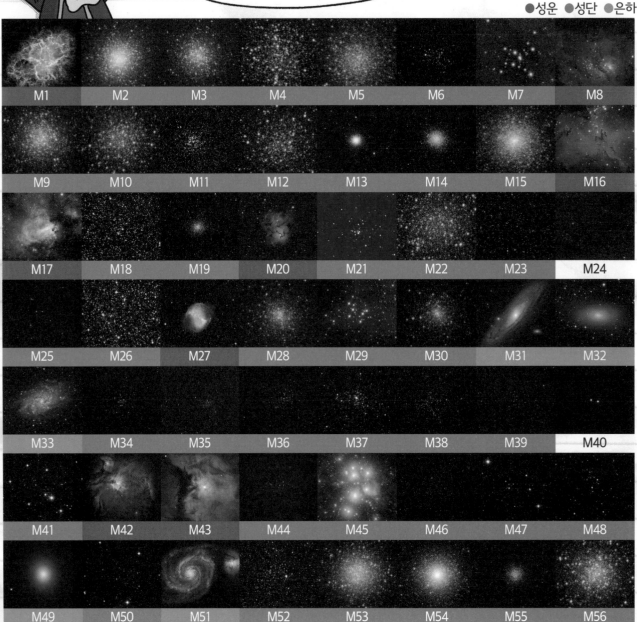

아름다운 색을 가진 구름도 있고,
별이 잔뜩 모인 천체도 있고,
바람개비처럼 생긴 것도 있네.

왜 다르게 생긴 거지?

메시에는 M1을 혜성과 착각해 체면을 구겼지만, 낙담하지
않고 더 열심히 혜성과 혜성이 아닌 것을 구분했습니다. 이런
노력으로 메시에는 13개나 되는 혜성을 최초로 발견해, 프랑스
국왕 루이 15세로부터 혜성 사냥꾼이라는 칭호를 받았습니다.
하지만 지금까지도 메시에가 기억되는 이유는 혜성을 많이
찾아서가 아니라, 메시에 목록을 만들었기 때문이랍니다.

이제 마음껏 혜성을 찾을 수 있겠지?

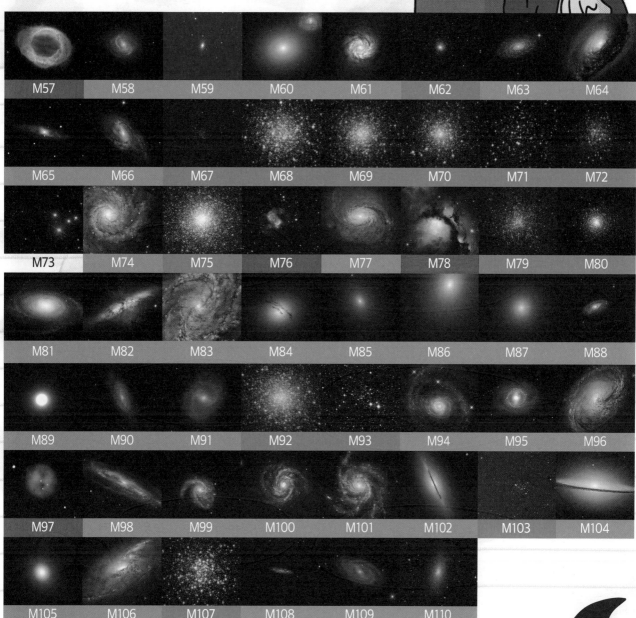

M57	M58	M59	M60	M61	M62	M63	M64
M65	M66	M67	M68	M69	M70	M71	M72
M73	M74	M75	M76	M77	M78	M79	M80
M81	M82	M83	M84	M85	M86	M87	M88
M89	M90	M91	M92	M93	M94	M95	M96
M97	M98	M99	M100	M101	M102	M103	M104
M105	M106	M107	M108	M109	M110

우와~ 엄청 다양하네.

하지만 망원경으로 보면 구분하기 쉽지 않단다.

성운

●메시에 목록에서 주황색으로 표시된 천체가 성운입니다

우주 공간은 대부분 진공 상태입니다. 하지만 군데군데 먼지와 가스가 구름처럼
모여 있는데, 이것을 성운이라고 합니다. 성운은 먼지와 가스의 종류에 따라 색과
형태가 다르답니다.

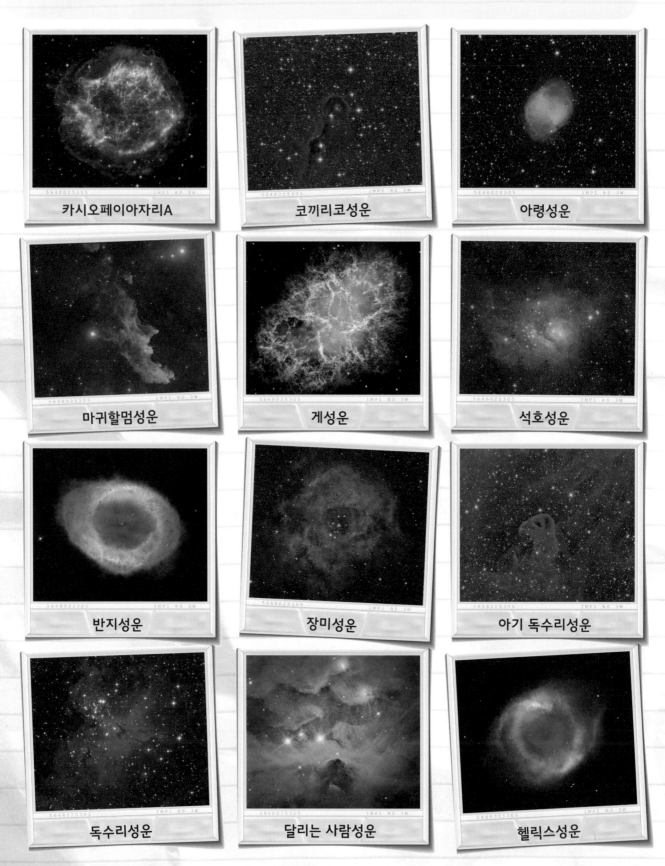

카시오페이아자리A	코끼리코성운	아령성운
마귀할멈성운	게성운	석호성운
반지성운	장미성운	아기 독수리성운
독수리성운	달리는 사람성운	헬릭스성운

성운의 종류

다음 설명을 읽고 좌측의 성운이 어떤 종류의 성운인지 써보세요.

반사성운은 푸른색의 먼지 덩어리구나.

반사성운 ● ● ●

먼지와 티끌로 이루어진 성운은
근처 별빛을 반사하거나
산란시켜 푸른빛을 냅니다.
이것을 반사성운이라고 합니다.

_____ 성운

_____ 성운

발광성운은 전체적으로 붉은색을 띠고 있지.

발광성운 ● ● ●

가까운 별의 에너지로 수소
가스가 뜨거워져 스스로
붉은빛을 내는 성운을
발광성운이라고 합니다.

_____ 성운

_____ 성운

_____ 성운

격렬한 폭발로 만들어졌으니 모양이 울퉁불퉁하겠지?

초신성 잔해 ● ● ●

무거운 별이 죽을 때는 격렬한
폭발을 일으킵니다. 이 폭발로
별에 있던 물질이 우주로 날아가는
모습이 바로 초신성 잔해랍니다.

_____ 성운

_____ 성운

행성상성운은 동그란 모양이네!.

행성상성운 ● ● ●

가벼운 별이 죽음을 맞이할 때,
별에 있던 가스는 동그랗게 퍼져
나갑니다. 이 동그란 모습이
마치 행성을 닮았다고 해서
행성상성운이라고 부릅니다.

_____ 성운

_____ 성운

_____ 성운

주변 별빛을 가리는 까만 성운을 찾으면 돼!

암흑성운 ● ● ●

먼지와 티끌이 반사성운보다 더
빽빽하게 모여 있으면 어떻게
될까요? 주변의 별빛을 가려
어둡게 보이겠지요. 이런 성운을
암흑성운이라고 부릅니다.

_____ 성운

_____ 성운

성단

●메시에 목록에서 파란색으로 표시된 천체가 성단입니다.

맨눈으로 보면 성운처럼 흐릿한 연기나 구름처럼 보이지만, 망원경으로 보면
성운과 달리 수많은 별이 모여 있는 천체를 성단이라고 합니다.

플레이아데스성단

산개성단 ● ● ●

푸른색을 띠는 젊은 별이 수십
개에서 수천 개까지 모여 있는
성단을 산개성단이라고 합니다.
산개성단은 특정한 모양 없이
엉성하게 모여있습니다.

플레이아데스성단(M45),
게자리 벌집성단(M44),
페르세우스 이중성단 등이
산개성단입니다.

페르세우스 이중성단

신난다!

페가수스 구상성단

헤라클레스 구상성단

아이고 자리가 좁네! 좀 비켜봐라~

나이가 들어서 그런가? 왜 이리 춥지?

은하 ●메시에 목록에서 초록색으로 표시된 천체가 은하입니다.

성운과 성단은 모두 우리은하 안에 있습니다. 가을철에 잘 보이는 안드로메다
은하에도 우리은하처럼 성운, 성단이 가득하지요. 별이 수천억 개씩 모여 있는
은하는 우주를 이루는 기본 요소입니다. 은하 중에는 둥그런 공처럼 보이는 것도
있고, 나선팔을 가진 것도 있고, 특정한 모양 없이 불규칙한 것도 있습니다.

NGC 5308

M89

NGC 1426

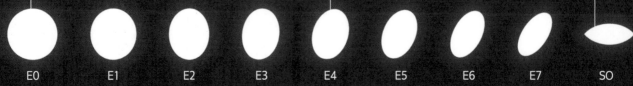

E0 E1 E2 E3 E4 E5 E6 E7 SO

타원은하

메시에 목록은 M으로 시작하는데, NGC로 시작하는 천체는 뭐예요? ● ● ●

NGC는 New General Catalogue(새로운 일반 천체 목록)의 줄임말 입니다. 메시에 목록이 만들어진 후에도 계속해서 새로운 성운, 성단, 은하가 발견되었습니다. 이에 따라 NGC, IC, B등 여러 천체 목록이 만들어졌답니다.

NGC 1300

NGC 1365

M51

NGC 1427A

SAa   SAb   SAc   SBa   SBb   SBc   Irr

나선은하   **막대나선은하**   **불규칙은하**

성운, 성단, 은하 이름 짓기

아래에 모양이 특이한 성운, 성단, 은하가 있어요. 먼저 각 천체의 종류가 무엇인지 생각해 보세요. 천체의 모양을 참고해서 이름을 붙인 후 그렇게 이름 지은 이유도 써 보세요.

천체의 종류

내가 붙인 이름

이유

천체의 종류

내가 붙인 이름

이유

천체의 종류

내가 붙인 이름

이유

천체의 종류

내가 붙인 이름

이유

미로천문학

초신성잔해를 탈출하라!

메시에가 게자리의 초신성 잔해를 혜성으로 착각하고 헤매고 있어요.
배운 내용을 생각해보며 초신성 잔해를 탈출해 보세요!

START

1. 푸른색을 띠는 성운은
   암흑성운이다.

4. 은하는 우주를 이루는
   기본요소이다.

2. 구상성단은 오래된 별이
   모여 있는 성단이다.

3. 커다란 별이 격렬한 폭발을
   일으켜 행성상성운이
   만들어진다.

GOAL

외부
은하

오리온 대성운

플레이아데스성운

안드로메다성운

안드로메다성운

1920년까지만 해도 사람들은 안드로메다은하를 안드로메다성운이라고 불렀습니다.
은하와 성운은 어떤 차이가 있을까요?

우리은하의 크기는 30만 광년이고, 모든 성운은 우리은하 안에 있다고! 따라서 안드로메다성운도 우리은하 안에 있는 먼지 덩어리야.

그렇지 않다네! 우리은하의 크기는 3만 광년이고, 나선 모양의 저 성운은 우리은하 바깥에 있어! 따라서 안드로메다성운은 우리은하 바깥, 별이 가득한 은하라고!

할로 섀플리 (1885~1972)

허버 커티스 (1872~1942)

그 거리는 어떻게 잴 수 있을까?

안드로메다성운까지 거리를 재면 누구 말이 맞는지 알 수 있을 텐데.

누구시지?

밝기와 거리

똑같은 전구가 두 개 있습니다. 하나는 머리 위 천장에 있고, 다른 하나는 창밖에 있다면 어느 전구가 더 밝아 보일까요? 당연히 머리 위의 전구가 더 밝아 보이지요. 똑같은 전구도 거리에 따라 밝기가 다르게 보인답니다.

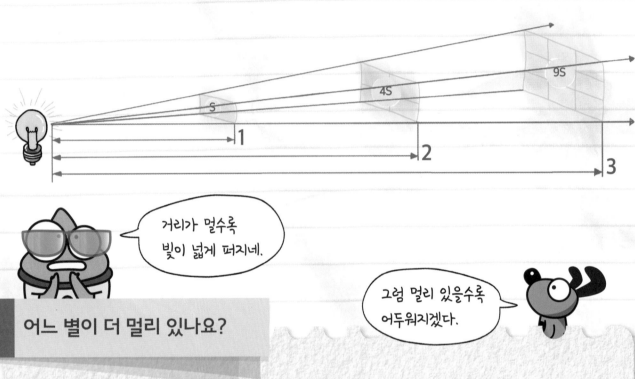

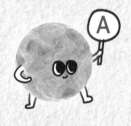

거리가 멀수록 빛이 넓게 퍼지네.

그럼 멀리 있을수록 어두워지겠다.

어느 별이 더 멀리 있나요?

똑같은 밝기를 가지는 두 별이 있습니다.

별의 실제 밝기

하지만 지구로부터의 거리가 달라 우리 눈에는 두 별의 밝기가 다르게 보입니다. 만약 A별보다 B별이 10,000배 어둡게 보인다면 **B별은 A별보다 얼마나 더 멀리 있을까요?**

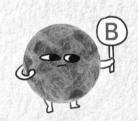

지구에서 보이는 별의 밝기

🪐 B별이 A별보다 _____ 배 더 멀리 있습니다.

리비트의 발견

그렇다면 우주에서 밝기가 같은 별을 찾으면 천체까지의 거리를 알 수 있지 않을까요? 미국의 여성 천문학자 헨리에타 리비트는 표준 전구처럼 사용할 수 있는 별을 발견했습니다.

헨리에타 리비트 (1868~1921)

같은 소마젤란 성운 안에 있는 별의 거리는 모두 비슷하겠지?

최대 밝기가 밝은 변광성은 천천히 깜박거리고, 최대 밝기가 어두운 변광성은 빠르게 깜박거리네?

앗!

세페이드 변광성은 깜박이는 주기가 같으면 최대 밝기도 같구나!

그럼 주기가 같은 세페이드 변광성의 밝기를 비교하면 천체의 거리를 알 수 있지 않을까?!

그런데 이 아저씨는 뭔데 자꾸 등장하지?

허블의 관측

허블은 윌슨산 망원경으로 안드로메다 성운을 관측했습니다. 세페이드 변광성을 이용해서 안드로메다 성운까지의 거리를 재려 한 것이지요. 안드로메다 성운은 섀플리의 주장대로 우리은하 안에 있는 성운일까요? 아니면 커티스의 주장대로 우리은하 바깥의 또 다른 은하일까요?

허블이 관측했던 세페이드 변광성의 최근 모습
©NASA, ESA, and the Hubble heritage Team(STScI/AURA)

내 계산에 따르면 지구와 안드로메다성운은 약 90만 광년 떨어져 있어!

역시 안드로메다는 은하였어!

에드윈 허블 (1889~1953)

안드로메다성운까지의 거리를 계산한 허블은 깜짝 놀랐습니다.
안드로메다성운이 무려 90만 광년이나 떨어져 있다는 결론이
났기 때문이지요. 당시에는 아무도 이런 먼 거리를 상상하지
못했답니다. 알려진 성운까지의 거리는 대부분 수천 광년 이내였는데
안드로메다성운은 이보다 100배 이상 멀리 떨어져 있었습니다.
**따라서 안드로메다성운은 우리은하 내의 성운이 아닌 우리은하 바깥의
은하라는 사실이 밝혀졌습니다.** 현재 알려진 안드로메다은하까지의
거리는 250만 광년입니다.

우리은하를 너무 작게
생각했네. 하지만
내 말대로 우리은하 밖에도
다른 은하가 있군.

난 우리은하를
너무 크게 생각했군.

이제 그만
화해하시죠.

...

여러 가지 외부은하

은하는 모양에 따라 나선은하, 타원은하, 불규칙은하로 나누어 집니다.

나선은하

나선은하는 중심의 둥근 핵과
그 주위를 감싸는 나선팔이
속한 은하원반, 헤일로 등으로
이루어져 있습니다. 은하핵을
중심으로 1초에 수백km씩
회전하는 은하원반에는 가스와
먼지가 많아 새로운 별이
태어나기 좋습니다. 은하핵에는
나이가 많은 별이 많습니다.
헤일로는 은하원반 위아래 공간에
넓게 퍼져 있는데,
이 곳에는 구상성단과 암흑물질이
존재합니다. 암흑물질이란 눈에
보이지 않지만 중력을 가진
물질이랍니다.

소용돌이 모양의 M101

중심에 막대 모양이 있는 NGC 1300

타원은하

타원은하에는 나선은하와 달리 은하원반이 없습니다. 타원은하 안의
별들은 대부분 나이가 많고, 서로 다른 방향과 속도로 제각기 움직이고
있습니다. 타원은하의 크기는 100광년에서 3,000,000광년에
이르기까지 다양하고, 찌그러진 정도가 서로 조금씩 다릅니다.

IC 2006

NGC 3610

불규칙은하

모양이 제멋대로인 불규칙은하의 대표적인 예로는 우리은하 근처의 대마젤란은하와 소마젤란은하가 있습니다. 불규칙은하에는 별을 만들 수 있는 차가운 가스와 먼지가 많습니다.

소마젤란은하와 대마젤란은하

모양에 따른 은하의 분류

외부은하를 발견한 허블은 아래 그림과 같이 소리굽쇠 형태로 은하들을 분류했습니다. 먼저 **규칙은하와 불규칙은하로 나눈 뒤, 규칙은하는 타원은하과 나선은하로 나누었지요.** 나선은하는 나선팔의 모양에 따라 정상나선은하(S형, Spiral)와 막대나선은하(SB형, Barred Spiral)로 나누어집니다. 그리고 타원은하는 찌그러진 정도에 따라 공처럼 아주 둥글면 E0, 가장 많이 찌그러진 것을 E7로 나누었습니다. 타원은하와 나선은하 사이의 S0는 렌즈형은하입니다.

- ●**타원형은하** E0, E3, E7
- ●**렌즈형은하** S0
- ●**정상나선은하** Sa, Sb, Sc
- ●**막대나선은하** SBa, SBb, SBc
- ●**불규칙은하** Irr

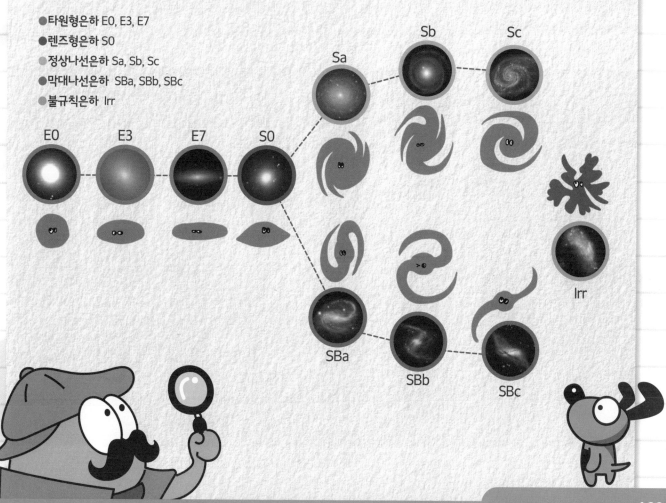

은하의 탄생과 진화

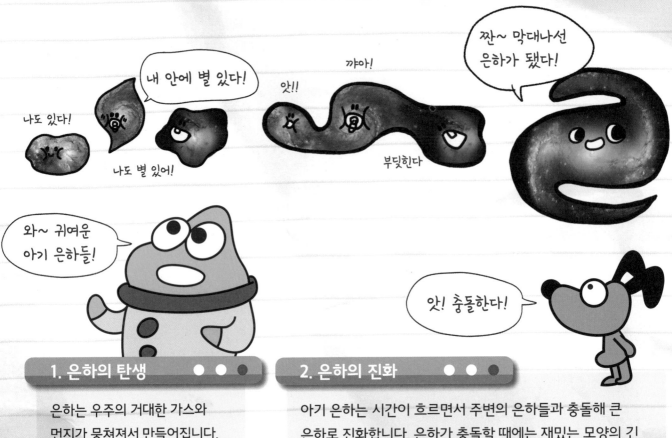

1. 은하의 탄생 ● ● ●

은하는 우주의 거대한 가스와 먼지가 뭉쳐져서 만들어집니다. 이렇게 태어난 은하들은 처음에는 형태가 불분명하고 불규칙하지요.

2. 은하의 진화 ● ● ●

아기 은하는 시간이 흐르면서 주변의 은하들과 충돌해 큰 은하로 진화합니다. 은하가 충돌할 때에는 재밌는 모양의 긴 꼬리가 생기지요. 이때 각 은하의 가스 밀도가 높아져 별이 놀랄 만큼 빠르게 만들어집니다.

NGC 4676

읽을거리

우리은하와 안드로메다은하가 충돌한다고요?

우리은하 역시 초기의 아기 은하들로부터 진화해 지금의 모습이 되었습니다. 그런데, 우리은하의 진화는 아직 끝나지 않았습니다. 약 50억 년 후에 우리은하는 안드로메다은하와 충돌해 또다시 진화할 예정입니다. 그렇다면, 우리은하가 안드로메다은하와 충돌하면 태양은 어떻게 될까요? 다행히 은하가 서로 충돌한다 하더라도, 안드로메다은하의 별과 태양이 충돌할 가능성은 거의 없습니다. 왜냐하면 별의 크기에 비해 별과 별 사이의 거리는 매우 멀기 때문입니다. 반대로 은하는 은하의 크기에 비해 서로 거리가 가까워 충돌하는 것이지요.

별의 경우

태양 지름
1,392,000km

가장 가까운 별까지의 거리 40,678,000,000,000,000km
약 30,000,000배 차이

프록시마
센타우리

은하의 경우

우리은하 지름
10만 광년

이웃 은하까지의 거리 250만 광년
25배 차이

안드로메다은하

얼마나 많은 은하가 있을까?

허블딥필드라고 불리는 아래 사진은 허블 우주망원경이 아무것도 없어 보이는 좁은 공간을 오랜 시간 동안 찍은 사진입니다. 이 사진 중 오직 4개의 천체만이 별이고, 나머지는 모두 은하랍니다. 우주에는 우리 눈에 보이지 않는 무수히 많은 은하가 있었던 것입니다. 은하는 우주를 이루는 기본 단위랍니다.

외부은하를 조사하라!

별꿈이와 함께 우리은하 바깥의 나선은하를 여행해 보세요.

◀START

1. 우리은하 밖에도 외부 은하가 있다고 주장한 사람은 커티스이다.

2. 변광성의 주기가 같으면 최대 밝기가 다르다.

3. 은하의 종류는 크게 타원은하, 나선은하, 불규칙은하로 나누어진다.

4. 은하는 서로 충돌하지 않는다.

GOAL ◀

그 외의 일러스트, 사진은 어린이천문대 자체제작

이 책에 수록된 천문정보는 2019년 1월을 기준으로 작성되었습니다.